DIE
WECHSELWIRKUNG

DER

PHYSISCHEN KRÄFTE

VON

W. R. GROVE, Esq. Q. C.
MITGLIED DER KŒNIGLICHEN GESELLSCHAFT ZU LONDON.

NACH DER DRITTEN AUFLAGE
AUS DEM ENGLISCHEN ÜBERSETZT

VON

Dr. E. v. RUSSDORF.

SPRINGER-VERLAG BERLIN HEIDELBERG GMBH
1863

ISBN 978-3-642-89434-3   ISBN 978-3-642-91290-0 (eBook)
DOI 10.1007/978-3-642-91290-0

Vorrede des Verfassers.

———

Die in dem nachstehenden Versuche auseinandergesetzten Ansichten wurden zuerst in einem, im Januar 1842, im Londoner Institut gehaltenen Vortrage bekannt gemacht, und sie sind in der Folge vollständiger in einer Reihe von Vorlesungen über den nämlichen Gegenstand, im Jahre 1843 entwickelt; um die nämliche Zeit wurde eine Skizze dieser Ansichten gedruckt. Auf Verlangen der Inhaber jenes Instituts redigirte ich später einen Auszug aus meinen Vorlesungen, welchen die Direktoren drucken und an die Gesellschaftsglieder vertheilen liessen. Da mich mehrere Personen gefragt hatten, wo sie sich Exemplare dieses Werkes verschaffen könnten, so veröffentlichte ich davon eine besondere Auflage, der bald eine zweite nachfolgte.

Indem ich diese dritte Auflage vorbereitete, war ich etwas in Verlegenheit wegen der ersten Form dieses Werkchens, das nur eine einfache Rückerinnerung an meine Vorlesungen war, vornehmlich für Diejenigen bestimmt, die sie gehört hatten. Ich habe inzwischen geglaubt, dass ich, ohne die Einheit des Buches zu zerstören, dessen Styl nicht ändern dürfte; ungeachtet es mir viel leichter und auch angenehmer gewesen wäre, es ganz umzuschmelzen, so dacht' ich doch, dass es, wenn ich dies thäte, keine neue Auflage sein würde; diesen sehr einleuchtenden Gründen weichend, hab' ich mich bemüht, so viel thunlich, den Originaltext beizubehalten; wenn gleich beträchtlich vermehrt, ist er doch nur wenig verändert.

Die Form dieser Vorträge ist nothwendigerweise dem Gebrauche meiner ersten Zuhörer angemessen geblieben, und ich fühle das Bedürfniss, meine Leser zu bitten, mir nicht, wegen meiner Ausdrucksweise, einen dogmatischen Ton beizulegen, der meinem Geiste sehr fern ist. Wenn meine Meinungen geschraubt ausgedrückt wurden, so geschah dies, weil der Styl schwerfällig und der Gedanke öfters unverständlich wird, wo die Meinungen unaufhörlich eine Beschaffenheit haben, die den Grad ihrer Gewissheit beschränkt.

Wie eine Reihe von Vorlesungen in Wahrheit nur dazu dienen kann, den Zuhörer zu veranlassen, die auf den behandelten Gegenstand bezüglichen Werke zu Rate zu ziehen, so ist der Zweck dieser Abhandlung mehr, die Leser in die Beziehungen einzuweihen, welche die bekannten Erscheinungen der physischen Wissenschaften verbinden, als auf eine sorgfälige Kritik der auf die gesonderten Branchen bezüglichen Thatsachen einzugehen.

In einem oder zwei Artikeln, die in Zeitschriften

über die voraufgegangenen Auflagen erschienen sind, hat man den Grundgedanken des Werkes kritisirt. Ich glaube jedoch, dass diese Kritiken, zum Mindesten gegenwärtig, schlecht begründet sind; die mathematischen Arbeiten der Herrn Thomson, Clausius und Anderer, wenn gleich nicht geartet, in eine Arbeit wie die vorstehende aufgenommen zu werden, haben mehreren Theilen des von mir behandelten Gegenstandes ein Interesse gegeben, das Viel für die künftigen Fortschritte verspricht.

Die kurzen und unregelmässigen Zwischenräume welche meine Berufsgeschäfte mir gestatten, der Wissenschaft zu widmen, schliessen so sehr für mich die anhaltende Aufmerksamkeit aus, welche zu einer angemessenen Entwicklung eines Ganzen von Ideen nötig ist, dass ich gewiss nicht den Mut gehabt hätte, sogleich den Versuch, welchen man lesen wird, zu veröffentlichen; die günstige Aufnahme nur, die er bei Personen gefunden hat, deren Urtheil ich hochachte, und das, wie ich glaube, verzeihliche Verlangen, einige Lieblingsgedanken meiner Jugend nicht ganz isolirt von meinem Namen zu lassen, haben mich veranlasst, diesen Neudruck zu unternehmen.

Meine gelehrteren Leser werden mir, wie ich hoffe, die kurzen Anmerkungen nachsehen, welchen ich, bezüglich gewisser Branchen der Wissenschaft, Platz in meinem Werke gegeben habe, denn ohne sie würde es für Viele, für die es bestimmt ist, unverständlich geblieben sein. Ich habe, indem ich einen elementaren Abriss der unorganischen Physik gegeben habe, getrachtet, ihre allgemeinen Phänomene so ansehen zu lassen, dass sie unter einander notwendige und wechselseitige Beziehungen haben, dass sie vielmehr Erregungen oder Veränderungen der gewöhnlichen Materie sind, als spezifische Wesenheiten, die für sich bestehen.

Die Anmerkungen enthalten Hinweisungen auf Originalwerke, in welchen ex professo die Zweige der Wissenschaft behandelt sind, von welchen im Text die Rede ist und auf solche, die meinen Hauptbeweisen zur Stütze dienen; wenn diese Werke zahlreich oder schwer zu beschaffen sind, so weis' ich auf Abhandlungen hin, in welchen sie resümirt oder kompilirt sind. Auf dass die Aufmerksamkeit des Lesers nicht unterbrochen sei, hab' ich bei den Anmerkungen auf die entsprechende Seite des Textes hingewiesen, statt im Text durch eingeschobene Lettern oder Zahlen den Ort jeder Note anzuzeigen, wie man es gewöhnlich thut.

INHALT.

Einleitung.

———

Wenn Naturerscheinungen zum ersten Mal beobachtet
sind, sieht man unmittelbar eine Neigung erwachen, sie mit
einer schon bekannten Sache zu vergleichen, ihnen einen
Platz in der Reihe der Wahrheiten zu verschaffen. Die vom
Publikum am Günstigsten aufgenommene Art, neue Thatsachen aufzufassen, ist diejenige, welche sie mit giltigen
Meinungen verknüpft, welche sie gewissermassen in eine
Form drückt, worein der Geist sich schon gefügt hat. Die
neue Erscheinung an sich kann sogar weit von den Thatsachen abstehen, mit welchen man sie verbinden will; sie kann
einer verschiedenen Gattung von Analogieen angehören;
aber diese Verschiedenheit kann dann nicht wahrgenommen
werden, wenn man der nöthigen Befunde und Beweis-
stücke entbehrt. Man kann bestreiten, dass der menschliche Geist zu sehr an die Natur vergangener Ereignisse
gebunden sei, um ihm eine ganz neue Idee beibringen
zu können; aber, die vollkommene Neuheit einer Idee
angenommen, so würde sie, von unzureichenden Beweismitteln
unterstützt, wenn man sie annimmt, vereinzelt, weniger
korrekt und verfänglicher sein, als die Bemühung, sie mit
den bekannten Thatsachen zu verknüpfen.

Jede aus neuen Thatsachen hervorgegangene Theorie, ob
sie sich nun darauf beschränke, jene den bekannten Thatsachen
beizuordnen, oder, was schwerer und bedenklicher ist, den
Versuch mache, gewissermassen den öffentlichen Geist zu

reformiren, wird gewöhnlich durch die Entdecker der Thatsachen selbst veröffentlicht, oder durch Diejenigen, welche
gerade Autoritäten in der Welt sind; die Anderen wären
nicht dreist genug, sie zu formuliren; wenn sie es wagten,
würde man nicht auf sie hören. Die Theorie, ursprünglich
so veröffentlicht, hat die grösste Gewalt über den öffentlichen
Geist; da keiner, bei ihrem Erscheinen, in der Lage ist, ihre
Wahrheit durch eine Reihe von Versuchen zu prüfen, so ist sie
ausschliesslich oder vorzüglich auf Autorität angenommen. Weil
die Mittel zu einer widersprechenden Erörterung fehlen, so
ist ihre Annahme zunächst unzertrennlich von einigen Zweifeln;
aber weil die Zeit, nach welcher sie bis auf den Grund be-
urtheilt werden kann, viel länger ist als das Leben der Männer,
welche sie haben entstehen sehen, und weil der Geist, sowohl des Einzelnen, als der allgemeine, nicht lange einen
Zustand des Schwankens und des Wartens ertragen kann, so
wird die neue Theorie, in Ermangelung einer bessern, bald
wie eine bewiesene Wahrheit angenommen; sie wird vom Vater
auf den Sohn übertragen und setzt sich nach und nach fest
in den Geistern. Die folgenden Generationen, welche so einen
herkömmlichen Geistes-Typus angenommen haben, sind viel
weniger geneigt, sie abzulegen. Sie ist ihnen zuerst durch
eine Autorität aufgezwungen, in welche sie nicht den mindesten Zweifel setzen; sie würde später den Glauben, welchen
man in sie gesetzt hat, nicht anders verlieren können, als
durch eine Arbeit wiederholter Prüfung oder durch eine Reform, welche der öffentliche Geist in Masse selten unternehmen will oder kann. Die häufige Wiederkehr solcher Umge-
staltung wäre im Uebrigen auch unvereinbar mit dem Bestehen der menschlichen Gesellschaft; denn es würde daraus
eine Anarchie der Gedanken entstehen, eine anhaltende Reihenfolge von Revolutionen der Geister.

Diese Nothwendigkeit hat ihre gute Seite; aber der Uebel-
stand der Sache, in Betreff des uns vorschwebenden Gegenstandes, ist, dass auf diese Weise die allergewagtesten Theorieen oder die am Wenigsten begründeten oft die zäheste
Dauer haben. Keine Theorie, in der That, ist vorzeitiger,
keine, nach aller Wahrscheinlichkeit, ungenauer, als eine
solche, die man im Augenblicke einer neuen Entdeckung auf-

zustellen wagt; und die Zeit, welche die Autorität derjenigen, welche sie aufgestellt haben, übertreibt, gibt den berühmten Todten keine Mittel ihre irrigen Meinungen zu analysiren oder zu verbessern, weil diese Mittel durch nichts Anderes gewonnen werden, als durch die nachfolgenden Entdeckungen.

Nehmen wir als Beispiel das ptolomaeische System, dessen Werth sich in der That auf diesen shakespearschen Ausspruch beschränkt: „Derjenige, welcher vom Schwindel ergriffen ist, glaubt, dass die ganze Welt sich um ihn dreht." Wir sehen jetzt, wie irrig dies System ist, weil wir alle im unmittelbaren Besitze der Mittel sind, es zu widerlegen. Dieser Irrthum ist gleichwohl Jahrhunderte lang für wahr angenommen, weil zur Zeit seiner Verbreitung die Mittel fehlten, ihn zu widerlegen, weil später, als diese Mittel zugänglich waren, das Menschengeschlecht durch seine Erziehung dergestalt mit dieser vermeinten Wahrheit verwachsen war, dass es leidenschaftlich den Beweis ihrer Unrichtigkeit zurückstiess.

Zur vorstehenden Betrachtung haben mich zwei Ursachen veranlasst: die erste, dass ich geneigtes Gehör finden möchte, indem ich bitte, dass der Geist meiner Leser sich, so viel thunlich, der vorgefassten Meinungen entschlage, durch welche oder zu deren Gunsten Alle geneigt sind sich einnehmen zu lassen; die zweite, dass ich mich gegen den Vorwurf vertheidigen möchte, als wolle ich das Ansehen schmälern oder die Meinungen leichthin behandeln von Männern, deren Namen und Andenken ein Gegenstand der Achtung für das Menschengeschlecht sind. Um die Autorität mit dem richtigen Maasse zu messen, muss man die ihr zu Gebote gestellten Mittel der Untersuchung in Betracht ziehen: „Wenn ein Zwerg, auf die Schultern eines Riesen gestellt, weiter sehen kann, als der Riese, so bleibt er nichts desto minder ein Zwerg."

Der von mir zu behandelnde Gegenstand, seine Bezüge oder seine eigenen Wechselbeziehungen, wie sein Zusammenhang mit den verschiedenen Thätigkeiten der Materie, erheischt ganz vorzüglich einen vorurtheilsfreien Geist. Die verschiedenen Gesichtspunkte unter welchen man diese Wandlungen betrachtet hat, die verschiedenen Meinungen welche man sich über die Materien selbst gebildet hat, die metaphysischen Spitzfindigkeiten, zu welchen diese Meinungen unvermeidlich führen, wenn man bei ihrer Prüfung aus dem Kreise vernünftiger Folgerungen tritt, welche die gegenwärtigen Erfahrungen an die Hand geben, bieten fast unübersteigliche Hindernisse.

Bis zu welchem Punkte können meine Meinungen über diesen Gegenstand Anspruch machen auf Originalität? Ich überlasse es dem Leser sich in dieser Beziehung sein Urtheil zu bilden: sie sind meinem Geiste tief eingeprägt, von einer Zeit her, wo ich viel mit experimentalen Untersuchungen beschäftigt war; als ein Zusammen oder System betrachtet, waren sie neu, ich glaubte es damals und ich glaub' es noch heute. Man hat mir, später, Stellen aus verschiedenen Schriftstellern zitirt, welche mehr oder weniger die nämlichen Ideen über den nämlichen Gegenstand scheinen gehabt zu haben und einige dieser Stellen gehen ziemlich weit in die Vergangenheit zurück. Ein Versuch, diese Zitate zu analysiren und festzustellen, bis zu welchem Punkte mir Andere zuvorgekommen sind, würde eine Erörterung veranlassen, die wahrscheinlich den Leser wenig interessiren möchte. Ich werde, im Verlaufe dieses Werkes, Sorge tragen, scharf die nöthigen Unterscheidungen festzustellen um zu zeigen, worin ich von meinen Vorgängern abweiche, worin ich mit ihnen übereinstimme. Ich könnte die Autoritäten zitiren, welche mit einigen von mir vorgetragenen Meinungen im Widerspruche scheinen, wie auch diejenigen, deren Ansichten mit den Meinigen übereinstimmen; aber diese Anführungen würden ein grosses Hinderniss für die folgerichtige Entwicklung meiner Ideen sein, und sie setzten mich der Gefahr aus, den Vorwurf zu erregen, dass ich die Ideen Anderer schlecht erkläre. Ich habe dieserhalb geglaubt, besser zu thun, wenn ich die Anführungen der verschiedenen Schriftsteller, welche auf meinen Gegenstand angespielt haben, sowohl derjenigen welche ich selbst entdeckt habe, als derjenigen welche mir angegeben sind, seit ich die Vorträge gehalten habe, aus welchen dieser Versuch hervorgegangen ist, für Anmerkungen aufsparte.

Je weiter unsere Untersuchungen sich ausdehnen, desto mehr finden wir, dass die Wissenschaft das Ergebniss eines langsamen Fortschritts ist, dass die wahren Kenntnisse, welche uns als neu erscheinen, wenn gleich auf indirectem Wege, aus der allmäligen Umwandlung alter Meinungen entstanden sind. Jedes Wort, das wir aussprechen, jeder Gedanke, den wir fassen, birgt in sich die Spuren, ist innerlich ein Modell alter Gedanken und Wörter. Wie jede Form des Stoffs, wenn wir sie genau entziffern könnten, ein Buch wäre, das die vergangene Geschichte der Welt enthält: ebenso, wie verschieden auch unsere Philosophie von derjenigen unserer Vorgänger zu sein scheint, besteht sie doch nur aus Zusätzen zu und aus Abzügen von der alten Philosophie, Tropfen für Tropfen durch das Filtrum des Voraufgegangenen gegossen; ebenso wird unsere Philosophie diejenige der Zeitalter sein, welche dem unsrigen nachfolgen werden. Die Reliquien sind für die Vergangenheit was die Saamenkeime für die Zukunft sind.

Ungeachtet viele gewichtige Thatsachen und sorgfältige Auseinandersetzungen darüber sich zerstreut in den umfangreichen Werken der alten Philosophen finden, so ist es dennoch, wenn wir ihnen auch das gebührende Ansehn für ihre ungeheuren Verdienste und für die Hingabe ihres Lebens an reingeistige Forschungen geben, zu schwer, ihre Ideen zu begreifen, die durchschnittlich nicht frivol, oft von tiefem Gehalte sind; denn sie steigen in ihren Beweisführungen von Abstractionen in Abstractionen; obgleich sie, wie wir gegenwärtig glauben, ihre ersten Schlussfolgerungen aus der Beobachtung von Thatsachen gezogen haben, ist doch von ihnen auf diesem ersten gegebenen Grunde ein so komplizirtes Gebäude syllogistischer Schlüsse errichtet, dass diese Beweisführung uns völlig unverständlich ist, wenn wir nicht dieselben Schleichwege einschlagen, dieselben winkligen Umwege machen wollen, wodurch sie zu ihren Schlüssen geführt sind. Um zu denken wie ein anderer gedacht hat, müsste man denselben bedingenden Umständen ausgesetzt sein als er; die Irrthümer der Erklärer rühren in der Regel daher, dass sie über Raisonnements ihres Textes entweder in einem Geiste blinden Glaubens an seine Worte reden, ohne der Zeit seiner Entstehung Rechnung zu tragen, oder auch die Vorstellungen des Originalschriftstellers von einem ihm selbst ganz fremden Gesichtspunkte ansehen. Die Experimentalphysik oder selbst die mit Verstand aus Versuchen entlehnten Theorien, sind diesen Schwierigkeiten in einem viel geringeren Grade unterworfen. Wie verschieden auch die auf eine Thatsache gebauten Theorien, oder die Erklärungen der Thatsache sein mögen — diese selbst bleibt immer die nämliche; sie trägt in sich selbst die Erklärung des Gedankens der den Entdecker erfüllt hat; die bekannten Erscheinungen haben ihn veranlasst, der Natur ein neues Phänomen zu entlocken, und wie schlecht er nach ihrer Entdeckung auch über die Thatsache raisonniren möge — seine veranlassenden Gedanken haben einen reellen innerlichen Werth, und weil sie von bekannten Wahrheiten zu unbekannten geführt haben, so können sie nur selten ganz irrig sein.

Es herrschten bei den Alten sehr abweichende Meinungen bezüglich der Zwecke, welche man bei wissenschaftlichen Untersuchungen verfolgen sollte und der Gegenstände, welche man durch sie erreichen könne. Ich habe hier nicht von moralischen Zwecken und Objecten zu sprechen, wie z. B. die Gewinnung des höchsten Gutes, summum bonum, sondern von den Errungenschaften im Gebiete der Wissenschaft, zu welchen diese Untersuchungen haben führen können. Die Nützlichkeit war einer der obersten Endzwecke und man erreichte ihn, bis zu einem gewissen Punkt, durch die gemachten Fortschritte in der Astronomie und in der Mechanik; Archimedes, zum Beispiel, scheint diesen Zweck seiner Forschungen keinen Augenblick aus dem Gesichte verloren zu haben. Aber seit der Zeit, da sie die Naturwissenschaften aus blossem Wissensdrange und wegen der Macht kultivirten, die sie mit sich führen, seitdem scheint die Mehrzahl die Hoffnung zu nähren an einem letzten Ziele anzugelangen, zu überschwänglichen Kenntnissen, welche sie in dem Grade zu Herren der Mysterien und Naturgeheimnisse machen würden, dass sie im Stande wären, mit Bestimmtheit zu wissen, welches die innerste Zusammensetzung der Materie ist und in die Ursache der Veränderungen einzudringen, welche sie an den Tag legt. Wenn sie keine Entdeckungen machen konnten, gaben sie sich transcendenten Speculationen hin. Leucipp, Demokrit und Andere haben uns ihre Vorstellungen hinterlassen über die letzten Atome, woraus die Materie ge-

bildet ist und über die Art wie die Natur bei den verschiedenen Umwandlungen des Stoffs zu Werke geht.

Die Hoffnung zu den Endursachen oder zum Wesen der
Dinge vorzudringen hat nicht aufgehört ein energischer Sta-
chel zu sein selbst lange Zeit nachdem die Speculationen der
Alten aufgehört hatten, und selbst gegenwärtig bezeichnet sie
das Ziel der Gegenstände, welche die physischen Wissenschaften durch ihren höchsten Aufschwung erreichen können.
Franz Baco, der grosse Reformator der Wissenschaft, nährte
diese Hoffnung; er dachte wenn man die Naturerscheinungen
der Prüfung durch die Erfahrung unterwürfe, dann könnten
wir dahin gelangen, sie auf ihre Grundbeschaffenheit zurück-
zuführen oder auf Ursachen, woraus sie wie aus einer Quelle
entspringen. Er bezeichnet diese Thatsachen mit dem scho-
lastischen Namen der „Form“, ein der alten Philosophie ent-
lehnter Ausdruck, aber sehr verschieden angewendet. Bacon
scheint unter der „Form“ das Wesen der Qualität verstanden
zu haben; das heisst worin von innen her eine gegebene
Qualität besteht, abgesehen von Allem was nicht zu ihr gehört, oder dasjenige, was einem Körper durch sein Hinzu-
kommen seine eigenthümliche Beschaffenheit gibt. So würde
die „Form“ der Durchsichtigkeit dasjenige sein, was, wenn
es entdeckt wäre, dem Körper die Durchsichtigkeit verleiht.
Hier ist ein charakteristisches Beispiel von Demjenigen, was
man die Anwendung der Synthese in seiner Philosophie nennen könnte: „Im Golde finden wir zu gleicher Zeit die gelbe
Farbe, die Schwere, die Hämmerbarkeit, die Widerstandskraft fürs Feuer, eine gewisse Löslichkeit; dies sind die einfachen Kennzeichen des Goldes; derjenige, welcher die Form
des Goldes kennt oder die Art, diese gelbe Farbe, diese
Schwere, diese Dehnbarkeit, diese Feuerbeständigkeit, diese
Schmelzbarkeit, diese Lösbarkeit mit ihren eigenthümlichen
Graden und ihren bestimmten Verhältnissen versteht, der kann
untersuchen, wie er sie in einem einzigen Körper mit einander verbindet, dergestalt, dass daraus seine Umwandlung in
Gold hervorgeht.“

Von einer anderen Seite die analytische Methode oder
das Suchen nach dem Ursprung des Goldes oder jeden anderen Metalls oder Steines, nach der Art, wie sie erzeugt

sind oder von einem ursprünglich flüssigen Zustande der Materie oder von einem Rudiment zum vollkommenen Metall übergehen, ist Dasjenige, was man als das geheime Verfahren Bacons ansehen kann, oder die Forschung nach Allem, was bei der Entstehung und bei der Umwandlung der Körper entweicht, was bleibt, was hinzukommt, was getrennt wird, was in den anderen Veränderungen oder Verrückungen des Stoffs die Bewegung erzeugt, was sie leitet, und andere ähnliche Dinge." Bacon scheint geglaubt zu haben, dass man die Qualitäten getrennt von den Stoffen selbst erfassen könne, und dass sie, wenn auch nicht physikalisch abzutrennen, zum Mindesten in jeder Hypothese physikalisch ausgedrückt und mitgetheilt werden könnten.

Nach Bacon hat der Glaube an Das, was man die zweiten Ursachen nennt oder die Stufenfolgen, allgemein geherrscht und ist noch jetzt sehr verbreitet; man nimmt an, dass jedes Phänomen nothwendig von einem andren abhängt, und dies wieder von einem andren, und dies so lange bis man bei der wesentlichen Ursache anlangt, die unmittelbar an die Endursache grenzt. Diese Doctrin herrscht allgemein auf dem Continent und in diesem Lande, kein Ausdruck ist uns geläufiger, als dieser: Studire die Wirkungen um zu den Ursachen zu gelangen.

Statt anzunehmen, dass der wahre Gegenstand der physischen Wissenschaften das Suchen nach den Wesensursachen sei, denke ich, es muss sein und ist: das Suchen nach Thatsachen und nach ihren Beziehungen; denn, obgleich das Wort Ursache in bestimmtem, untergeordnetem Sinn, als Bezeichnung der vorhergehenden Kräfte gebraucht werden kann, so scheint es mir doch, im absoluten Sinn genommen, durchaus unbrauchbar: wir können von keiner physischen Thätigkeit, welche sie auch sei, sagen, sie sei ausschliesslich die Ursache einer andern; und wenn, zur Bequemlichkeit der Sprache, es erlaubt ist, sich des Ausdrucks der untergeordneten Ursachen oder der unwesentlichen Ursächlichkeit zu bedienen, so kann dies nur bei einer speciellen Erscheinung stattfinden, um die es sich handelt, ohne ihn jemals allgemein zu nehmen.

Der Missbrauch oder besser die Vieldeutigkeit des Worts „Ursache" ist die Quelle vieler Verwirrung in den physikalischen Theorien gewesen, und die Philosophen sind selbst heutzutage noch nicht einig darüber, was sie Ursächlichkeit nennen sollen. Der am Allgemeinsten angenommene Begriff der Ursächlichkeit ist der von Hume aufgestellte, der sie in ein unwandelbares Voraufgehen setzt, d. h. wir nennen Ursache, was unter allen Umständen voraufgeht, Wirkung was immer folgt. Man kann indessen mehrere Beispiele zitiren von beständiger Aufeinanderfolge oder besser Nachfolge, wo man keineswegs die Beziehung der Ursache zur Wirkung findet; so, wie Reed bemerkt, und Brown hat auf diesen Einwand nie auf genügende Weise geantwortet, geht der Tag immer der Nacht voraus, und doch ist der Tag keineswegs die Ursache der Nacht. Ebenso geht das Säen der Pflanze voraus, es ist aber nicht die Ursache der Pflanze. Wenn wir physikalische Erscheinungen studiren, so ist es schwer, die Idee der Ursächlichkeit von derjenigen einer Kraft zu trennen: beide Ideen sind von verschiedenen Philosophen für identisch gehalten.

Nehmen wir ein Beispiel, das gleichzeitig die Idee der Ursache und diejenige der Kraft umfasst. Wenn man eine Schleuse lichtet, so läuft das Wasser; in der gewöhnlichen Redeweise sagt man, dass das Wasser läuft, weil die Schleuse gehoben ist; die Folge ist unveränderlich; keine wirkliche Schleuse kann aufgezogen werden, ohne dass das Wasser läuft, und doch ist es in einem anderen, wahrscheinlich richtigeren Sinn die Schwere des Wassers, welche sein Laufen verursacht. Inzwischen, ungeachtet wir mit Wahrheit, in diesem Falle, sagen können, dass die Schwere des Wassers die Ursache seines Falles ist, können wir diesen Ausdruck nicht im absoluten Sinne nehmen und ganz allgemein sagen, dass die Schwere die Ursache sei, welche immer das Wasser fliessen macht, weil das Wasser aus anderen Ursachen fliessen kann, zum Beispiel unter der Wirkung der Elasticität eines Gases, welches das Wasser zwingt, aus einem mit Luft gefüllten Recipienten in einen anderen zu strömen den man luftleer gemacht hat; im Uebrigen kann die Schwere unter gewissen Umständen das Wasser verhindern zu fliessen, statt es zum Fliessen zu bringen.

Wie man das Ding auch ansehen möge: wir können

niemals bei der unbedingten Ursächlichkeit anlangen. Wenn wir die Ursächlichkeit als eine beständige Thatsache ansehen, so können wir keinen Fall finden in welchem ein Gegebenes, das voraufgegangen ist, der einzige Vorläufer einer gegebenen Wirkung wäre: wenn das Wasser aus keiner andern Ursache fliessen könnte, als wegen der Lichtung einer Schleuse, nur dann hätten wir das Recht zu sagen, dass unbedingt diese Lichtung die Ursache seines Fliessens sei. Ebenso, wenn wir im Sinne der Ansicht reden, welche die Ursächlichkeit als eine Kraft ansieht, so können wir in einem einzelnen Falle sagen, dass das Fliessen des Wassers ausschliesslich durch die Schwere verursacht sei: in unbedingter Weise können wir nicht sagen, dass im Allgemeinen das Wasser in Folge seiner Schwere fliesst.

Welches Beispiel wir auch nehmen mögen: wir werden finden, dass die Ursächlichkeit wohl in einem gegebenen Fall nachgewiesen werden kann, dass sie aber als absoluter und allgemeiner Grundsatz nicht aufrecht zu halten ist; und doch ist dies Dasjenige, was man beständig thut. Nichtsdestoweniger beziehen wir, wo wir in einem besonderen Falle von der Ursache reden, diese letztere gewöhnlich auf irgend eine Gewalt oder voraufgegangene Kraft: wir sehen niemals in der Materie eine Bewegung oder eine andere Veränderung eintreten ohne, zum Mindesten einschliesslich, anzunehmen, dass sie durch eine andere vorgängige Veränderung hervorgebracht ist; und wenn wir sie nicht auf den wirklichen veranlassenden Vorgang zurückführen können, so beziehen wir sie doch in unserm Gedanken auf etwas Voraufgegangenes; aber es ist keineswegs bewiesen, dass diese Gewohnheit philosophisch richtig sei. Mit anderen Worten: man kann sich fragen nicht bloss, ob die Wörter Ursache und Wirkung in Vorausgegangenes und Nachgefolgtes übersetzt werden können, sondern auch, ob in der That die Ursache der Wirkung vorausgeht; ob die Kraft derjenigen Veränderung in der Materie voraufgehen muss, von welcher man sagt, dass sie ihre Ursache ist.

Dass die Ursache der Wirkung vorausgeht, ist in

Zweifel gezogen worden und ihre Gleichzeitigkeit ist mit viel Geschicklichkeit vertheidigt. Als Beispiel dieser Art Beweisführung kann man sagen: die Anziehung, welche der Magnet auf das Eisen ausübt ist gleichzeitig mit der Bewegung des Eisens wovon sie immer begleitet ist; die Bewegung ist ein sinnfälliges Zeugniss für die Gleichzeitigkeit der Ursache oder Kraft, aber Nichts beweist, dass die Anziehung durch ein Zeitinterval von der Bewegung getrennt sei. Von diesem Gesichtspunkt hört die Zeit auf ein nothwendiges Element der Ursache zu sein; die Idee der Ursache, ausgenommen etwa, was sich auf eine Urschöpfung bezieht, hört auf eine wirkliche Existenz zu haben; dieselben Gründe, welche wir für die Gleichzeitigkeit der Ursache und Wirkung angeführt haben, finden ihre Anwendung auf die Gleichzeitigkeit der Kraft und der Bewegung. Gleichwohl, wenn wir auch diese Anschauungsweise annehmen, können wir nicht umhin, das Element der Zeit beim Verlauf der Erscheinung in Betracht zu ziehen; die Wirkung, somit immer als gleichzeitig mit der Ursache betrachtet, welche sie hervorzubringen geeignet ist, wird nichts desto weniger auf eine voraufgegangene Thatsache bezogen werden, und diese Art zu urtheilen wird die nämliche bleiben, wenn wir sie auf die stufenweise Entstehung aller Veränderungen in der Natur anwenden.

Die Gewohnheit und die nothwendige Uebereinstimmung des Gedankens mit den Erscheinungen zwingt uns dermassen uns der herkömmlichen Ausdrücke zu bedienen, dass wir die Anwendung des Worts Ursache nicht abweisen können, möge es auch in dem Sinne gebraucht sein, der zu der vorstehenden Erörterung Anlass gegeben hat; wenn wir es aus unserm Wortvorrath streichen, so würde unsere Rede, wenn wir von stufenweisen Veränderungen redeten, unverständlich für die gegenwärtige Generation sein. Der gewöhnliche Irrthum, wenn ich das Recht habe, ihn so zu nennen, besteht darin, dass man aus der Ursächlichkeit etwas Unbedingtes macht und unter allen Umständen eine allgemeine beiläufige Ursache annimmt, oder Etwas, das nicht die erste Ursache ist, das aber, wenn man es sorgsam untersuchte, alle Eigenschaften der ersten Ursache besitzen, eine von der Materie unabhängige Existenz haben und edler als sie sein müsste.

Die Beziehungen zwischen der Elektricität und dem Magnetismus liefern uns ein recht lehrreiches Beispiel unseres Glaubens an vorangehende Ursachen. Nach der Entdeckung des Electromagnetismus durch Oerstedt, und vor der Entdeckung der Magnet-Elektricität durch Faraday, glaubten die obersten wissenschaftlichen Autoritäten, dass die Elektricität und der Magnetismus zu einander im Verhältniss der Ursache und der Wirkung ständen: d. h. die Electricität wurde als die Ursache, der Magnetismus als die Wirkung angesehen; überall wo man Magnete ohne augenfällige electrische Ströme sah um ihren Magnetismus erklären zu können, da stellte man sich hypothetische Ströme vor, in der Absicht, der Causalitätsidee als Stütze zu dienen; aber jetzt kann der Magnetismus mit demselben Recht die Ursache der Electricität genannt werden; und die electrischen Ströme können ebenso gut hypothetischen Linien der magnetischen Kraft zugeschrieben werden; also, von der einen Seite sagen, dass die Electricität den Magnetismus verursacht, von der anderen Seite, dass der Magnetismus die Electricität verursacht — heisst das nicht sagen, dass die Electricität die Electricität verursacht? Diese Bemerkung ist das, was man die Causalitätsdoctrin ad absurdum führen, nennen könnte.

Nehmen wir ein anderes Beispiel, das diesen Satz noch verständlicher machen wird. Wenn man zwei verbundene Stangen Wismut und Antimon erwärmt, so erzeugt man einen electrischen Strom, und wenn die Enden der Stangen durch einen feinen Draht verbunden sind, so erhitzt sich der letztere. In diesem Falle wird die in den Metallen circulirende Electricität als Wirkung der Wärme angesehen, und die Wärme des Drahtes als Wirkung der Electricität, und diese Auffassungen sind richtig, wenn man sie auf einen concreten oder relativen Fall anwendet; aber können wir deshalb abstract oder in einem allgemeinen Sinn sagen, dass überhaupt die Wärme Ursache der Electricität, die Electricität Ursache der Wärme sei? Gewiss nicht; denn wenn jeder dieser Aussprüche wahr wäre, so wären sie's alle beide, und somit wäre die Wirkung die Ursache der Ursache; oder mit anderen Worten wäre eine Sache ihre eigene Ursache. Jedes andere Beispiel derselben Art wird die nämlichen Schwierigkeiten zeigen, bis so lange, dass der Geist zu der Ueberzeugung gelangt, dass die unbedingte Ursächlichkeit nicht existirt, und dass die Forschungen, welche dahin gehen, die wesentlichen Ursachen zu entdecken, eitle Bemühungen sind.

Der Satz, den ich in diesem Buche aufzustellen unternehme, ist, dass die verschiedenen Kräfte der Materie, welche den hauptsächlichsten Inhalt der Experimentalphysik bilden, nämlich die Wärme, das Licht, die Electricität, der Magnetismus, die chemische Verwandtschaft und die Bewegung correlativ sind und in wechselseitiger Abhängigkeit von einander stehen; dass keine von ihnen, in einem unbedingten Sinn, die Ursache der andern genannt werden kann, dass aber eine jede von ihnen alle anderen verursachen kann oder sich in sie verwandeln; so kann die Wärme mittelbar oder unmittelbar Electricität erzeugen; die Electricität kann Wärme erzeugen; und ebenso die anderen, indem eine jede in dem Maasse aufhört, als die erzeugte Kraft sich entwickelt. Man muss das Nämliche von allen übrigen Kräften sagen; denn es ist eine nothwendige Folge aus den beobachteten Phänomenen, dass keine Kraft erzeugt werden kann, als durch das Aufgehen einer oder mehrerer schon vorhandenen Kräfte.

Das Wort Kraft, wiewohl es von verschiedenen Schriftstellern in verschiedenem Sinne gebraucht wird, kann in seiner eingeschränkten Bedeutung definirt werden als Dasjenige, was die Bewegung hervorbringt, oder was der Bewegung Widerstand bietet. Ich bin sehr stark geneigt zu glauben, dass die anderen Kundgebungen der Materie, welche ich oben aufgezählt habe, als Arten der Bewegung anerkannt sind, oder doch zuletzt werden erkannt werden, und mehrere Beweisgründe, welche man in der Folge in dieser Abhandlung finden wird, dienen dieser Ansicht als Stütze; aber es hiesse für den Augenblick zu weit gehn, wenn man ihre Uebereinstimmung mit gewissen Formen der Bewegung behaupten wollte; ich werde also das Wort Kraft so gebrauchen, dass es, soweit es jene Kundgebungen anzeigt, das aktive von der Materie unzertrennliche Prinzip ausdrückt, von welchem man glaubt, dass es die verschiedenen Veränderungen darin bewirkt.

Das Wort Kraft und die Idee, welche es ausdrücken will, kann im Geiste der Philosophen, welche die reine Physik behandeln denselben Widerspruch verursachen, als das Wort Ursache; man kann mit demselben Grunde sagen, dass es nur eine feine Fühlung des Geistes darstellt, und nicht einen wahrnehmbaren Eindruck, ein Phänomen. Man kann diesem Widerspruch die nachstehende Form geben: Wenn die Saite eines gespannten Bogens zerschnitten wird, so spannt sich der Bogen von selbst zurück; darauf hin sagen wir, dass in dem Bogen eine elastische Kraft ist, die ihn zurückzieht; aber wenn wir die Anwendung unserer Ausdrücke auf diesen einen Fall beschränken wollten, so wäre das Wort Kraft überflüssig und trüge Nichts bei zur Erweiterung unserer Kenntnisse in dieser Sache. Alle Belehrung, welche unser Geist gewinnen kann, wäre ebenso reichlich gegeben, wenn wir uns darauf beschränkten zu sagen: Wenn die Saite zerschnitten ist, wird der Bogen wieder grade, als wenn wir sagten, der Bogen wird wieder grade durch die Wirkung der elastischen Kraft. Würden wir mehr von dem Phänomen, dasselbe an sich betrachtet, kennen, ohne Berücksichtigung der anderen Erscheinungen gleicher Art, wenn wir sagten, dass es durch eine Kraft erzeugt ist? Gewiss nicht. Was wir kennen oder was wir sehen, das ist die Wirkung; wir sehen nicht die Kraft, wir sehen die Bewegung oder den Stoff in Bewegung.

Nehmen wir jetzt ein Stück Kautschuck und dehnen es aus, wenn wir es sich selbst überlassen, nimmt es seine ursprüngliche Länge an. Hier, ungeachtet der dem Versuche unterworfene Stoff wesentlich verschieden ist, sehen wir eine dem gespannten Bogen analoge Wirkung oder Erscheinung. Endlich, wenn wir einen Apfel an einem Faden aufhängen und schneiden den Faden durch, so fällt der Apfel. Hier wieder, wenn gleich weniger in die Sinne fallend, finden wir eine Analogie mit dem gespannten Bogen und mit dem Kautschuck.

Wenn wir uns gegenwärtig des Wortes Kraft bedienen, indem es diese drei verschiedenen Phänomene umfasst, so finden wir, dass es bequem zu gebrauchen ist, nicht in dem Sinne, dass es die Thätigkeit des Stoffes erklärt, oder verständlicher macht, sondern insofern es den Geist dazu führt in diesen drei Erscheinungen etwas Gleichartiges zu erkennen, wie veschieden sie übrigens in anderer Rücksicht sein mögen; dies Wort wird dann ein abstraktes oder verallgemeinerndes, und in diesem Sinne gewinnt es eine hohe Nützlichkeit. Ungeachtet ich nur drei Beispiele gegeben habe, ist es klar, dass dies Wort Kraft sich ebenso gut auf dreihundert oder dreitausend anwenden lässt.

Man wird vielleicht sagen, dass das Wort Kraft anwendbar ist, nicht um die Wirkung zu bezeichnen, sondern als Ursache der Wirkung; das ist wahr und in diesem Sinne, welcher seine gewöhnliche Bedeutung enthält, werde ich es in diesen Blättern anwenden; aber, ungeachtet dieser Ausdruck die Bezeichnung einer Wirksamkeit enthält, die man nicht verlassen kann, ohne die Sprache unverständlich zu machen, müssen wir uns dennoch hüten, anzunehmen, wir kennten mehr vom Wesen einer Erscheinung, weil wir gesagt haben, dass es durch Etwas hervorgebracht sei: das Etwas ist ein Wort, entstanden durch die Beständigkeit oder Aehnlichkeit der Erscheinungen, welche wir, indem wir unsere Zuflucht dazu nehmen, zu erklären versuchen. Die Beziehungen der Phänomene, auf welche wir das Wort Kraft angewendet haben, bilden für uns ein reelles Wissen; diese Beziehungen können Wechselbeziehungen oder Wechselwirkungen der Kräfte genannt werden; die Kenntniss, welche wir von ihnen haben, ist dadurch keineswegs vermindert, und die Bequemlichkeit der Sprache ist beträchtlich gewachsen; aber die einzelnen oder individuellen Erscheinungen sind darum nicht tiefer erkannt; wir gewinnen keine klarere Vorstellung des Warum der Apfel fällt, indem wir sagen, dass er gezwungen ist zu fallen, oder dass er fällt durch die Schwerkraft; indem wir diesen letzteren Ausdruck annehmen, gewinnen wir die Fähigkeit, ihn sehr nützlich auf andere Erscheinungen auszudehnen, aber wir kennen nicht mehr von der Natur des vereinzelten Falls, als dass unter gewissen Umständen der Apfel fallen muss.

In den voraufgehenden Beispielen ist die Kraft angesehen als Erzeugerin der Bewegung, ein Fall, in welchem die Kundgebung der Kraft die hervorgebrachte Bewegung ist; der Stoff welcher der Bewegung widersteht, ist in seinen Molekülen erregt, er ist in seiner Constitution mehr oder weniger verändert; so schätzen wir die angewendete Kraft um eine Kanonenkugel fortzuschleudern, indem wir die Masse des Stoffs und die Schnelligkeit angeben, womit er fortgeschleudert ist. Die Kundgebung der Kraft, wenn dies Wort auf den Widerstand gegen eine Bewegung angewendet ist, gibt sich unter etwas verschiedenen Charakteren zu erkennen. So ist ein Kautschuckriemen, an welchem man ein Gewicht aufgehangen hat, verlängert, und man stellt eine Verrückung seiner Moleküle fest, indem man ihre gegebene Stellung mit derjenigen vergleicht, welche sie hatten, bevor sie der Wirkung des Gewichtes unterworfen wurden. Ebenso tritt bei einer gebogenen Glasscheibe unter der Wirkung eines daran aufgehangenen Gewichtes durch ihre ganze Struktur hindurch eine Veränderung ein; diese innere Veränderung wird anschaulich gemacht, indem man durch das Glas einen Strahl polarisirten Lichtes hindurchgehen lässt. Man sieht so sich einen Zusammenhang herausstellen zwischen dem molekulären Zustande der Körper und den äusseren Kräften oder der sichtbaren Bewegung der Körper. Jedes Theilchen des Kautschucks oder des Glases muss aktiv werden oder dazu beitragen, dass der Kautschuckriemen oder die Glasscheibe der Bewegung einer daranhängenden Masse widerstehen oder sie aufhalten kann.

Es ist schwer, in solchen Fällen, in der Kraft nicht eine wahrhaftige Realität zu erkennen. Wir bedürfen eines Wortes, um diesen Zustand der Spannung auszudrücken; wir wissen, dass er eine Wirkung hervorbringt, wenn gleich diese Wirkung eine negative sein mag. Ungeachtet wir in diesem Drange der unbeseelten Materie, die ihren letzten Elementen eigenthümliche Wirkungsweise ebenso wenig angeben können, als wir die Verbindung unserer eigenen Muskeln mit dem sie in Thätigkeit setzenden Willen erfassen können, so sind wir nichts desto weniger durch das Experiment überführt, dass der Stoff unter der Wirkung einer anderen Materie seinen Zustand ändert, und diese Thätigkeit nennen wir Kraft.

Indem wir das Gewicht auf das Glas stellen, haben wir dies einer gleichen Veränderung seines Umfanges unterworfen, als es von Neuem erfahren wird, wenn man das Hemmniss aufhebt, und diese Bewegung der Masse wird der Ausdruck oder das Maass für den auf das Glas ausgeübten Druck. Während jenes in diesem Zustande der Spannung ist, hört die Kraft nicht auf zu existiren, immer fähig die ursprüngliche Bewegung wieder hervorzubringen; und ungeachtet es keine aktive Bewegung hervorbringen kann, hört das Gewicht der Masse nicht auf, auf das Glas zu wirken. Die Thätigkeit ist suspendirt, aber die Kraft ist nicht vernichtet.

Bewegung.

Die Bewegung, welche wir in den vorerwähnten Beispielen als die vorzüglichste Kundgebung der Kraft genommen haben, ist von allen Erregungen des Stoffs die greifbarste und diejenige, welche wir am Deutlichsten wahrnehmen. Die sichtbare Bewegung, oder die relative Ortsveränderung ist eine Erscheinung, die man so gut auf den ersten Blick versteht, dass ein Versuch sie zu definiren so viel heissen würde als sie unverständlich machen; aber bei der Bewegung, wie bei allen physischen Erscheinungen, sind gewisse dunkle Schatten oder unbestimmte Grenzen, innerhalb welcher oder über welche hinaus die erkennbare Weise der Thätigkeit allmälig verschwindet; um das Fortbestehen des Phänomen's zu entdecken, sind wir gezwungen zu anderen Mitteln der Untersuchung als die gewöhnlichen unsere Zuflucht zu nehmen, und es ereignet sich zuweilen, dass wir andere Namen anwenden oder Bezeichnungen, die von den so erkannten Wirkungen verschieden sind.

So ist der Ton eine Bewegung; und obgleich in den vergangenen Zeiträumen der Philosophie die Einerleiheit des Tons und der Bewegung nicht festgestellt sein konnte und sie als vom Stoffe getrennte Erregungen angesehen wurden (man hat in der That, am Ende des letzten Jahrhunderts, behauptet, dass der Ton durch Vibrationen des Aethers fortgepflanzt werde), so lösen wir jetzt den Ton so leicht in Bewegung auf, dass für Diejenigen, welche vertraut sind mit der Akustik, die Schallphänomene dem Geiste unmittelbar die Idee der Bewegung darbieten, und zwar der gewöhnlichen Materie.

Ebenso was das Licht betrifft: es ist jetzt nicht zweifelhaft, dass das Licht sich bewegt oder von Bewegung begleitet ist. Aber hier sind die Bewegungsphänomene nicht durch die gewöhnliche Sinneswahrnehmung evident gemacht, wie es z. B. die Bewegung eines sichtlich fortgerückten Wurfgeschosses ist, sondern durch einen Rückschluss mittelst des bekannten Verhältnisses der Bewegung zu der Zeit und zum Raum: da Beobachtungen uns lehren, dass die Körper Zeit gebrauchen, um sich von einem Punkte des Raums zum andern zu bewegen, so schliessen wir, dass überall, wo ein anhaltendes Phänomen zu verschiedenen Zeiten an zwei verschiedenen Punkten des Raumes kenntlich ist, Bewegung sei, ungeachtet wir dem Fortschreiten dieser Bewegung nicht folgen können. Eine ähnliche Folgerung hat uns von der Bewegung der Elektrizität überzeugt.

Ebenso wie wir in der gewöhnlichen Sprechweise von dem Tone in der Bewegung reden, ungeachtet der Ton selbst eine Bewegung ist, bedarf es auch keiner grossen Anstrengung des Vorstellungsvermögens, um zu fassen, dass das Licht und die Elektrizität Bewegungen sind, ohne Dinge in einer Bewegung zu sein. Wenn man an das eine Ende einer langen Stange schlägt, so ist alsogleich am andern Ende ein Ton vernehmbar, und das Wort Ton ist in der That nichts als der Ausdruck für die Art der auf die Stange übertragnen Bewegung: ebenso macht das eine Ende einer Säule von Luft oder von Glas, welches einen Lichteindruck empfängt, am anderen Ende eine Lichtwirkung wahrnehmbar; diese Wirkung kann ebenso als eine Vibration genommen werden, wie eine übertragene Bewegung der durchsichtigen Säule; aber wir werden später diese Frage zu diskutiren haben, und wir wollen uns für jetzt, was die Bewegung betrifft, in den engeren diesem Worte gesteckten Grenzen halten.

Wenn es sich um für die Sinne wahrnehmbare Bewegungen handelt, so ist die geistige Vorstellung unveränderlich mit jenem Etwas verbunden, auf welches wir schon hingedeutet haben, und dem man den Namen Kraft gegeben hat, und diese Vorstellung, wenn wir sie analysiren, führt uns auf eine vorgängige Bewegung zurück. Wenn wir die Erregung der Bewegung durch Wärme, Licht etc., welche wir später studiren werden, ausnehmen, so erscheint uns, wo wir einen Körper in Bewegung sehen, diese Bewegung als entstanden durch einen vorgängig selbst erst bewegten Stoff.

Die Natur bietet uns kein Beispiel einer völligen Ruhe; alle Materie, so weit wir unsere Nachforschungen treiben können, ist unaufhörlich in Bewegung; und nicht bloss in Masse, wie in den planetarischen Körpern, sondern auch in ihren Molekülen und bis in ihre innerste Zusammensetzung: so bringt jede Veränderung der Temperatur eine moleküläre Veränderung im Innersten der ganzen erwärmten oder erkälteten Substanz hervor; die langsam wirkenden chemischen und elektrischen Kräfte, die Wirkungen des Lichts oder der unsichtbaren strahlenden Kräfte sind unausgesetzt thätig, dergestalt, dass wir in der That von keinem Theil der Materie sagen können, er befinde sich in völliger Ruhe. Angenommen aber, dass die Bewegung keine wesentliche Eigenschaft der Materie sei, dass die Materie sich in Ruhe befinden kann, so wird die ruhende Materie durch eigene Kraft niemals aufhören in Ruhe zu sein; sie wird sich nicht bewegen, es sei denn, dass sie durch einen andern Körper, der selbst in Bewegung ist oder war, den Anstoss empfängt; dieser Satz findet seine Anwendung nicht bloss auf die Bewegung durch Stoss, wie wenn eine ruhende Kugel von einer sich bewegenden Federkraft gestossen wird, oder wie sie den Druck einer Feder empfängt, die vorher in Bewegung gesetzt ist, sondern er gilt auch von Bewegungen, die durch Anziehung verursacht sind, wie diejenige des Magnetismus oder der Schwere. Nehmen wir ein Stück Eisen an, im ruhenden Zustand und in der Nähe eines ruhenden Magnets; wenn wir wollen, dass das Eisen durch die Anziehung des Magnets in Bewegung gerathe, so muss zuerst das Eisen oder der Magnet in Bewegung gesetzt werden; ebenso muss ein Körper, um zu fallen, erst erhoben sein. Ein ruhender Körper wird also als solcher immer fortfahren, in Ruhe zu bleiben, und ein einmal bewegter Körper wird ins Unendliche fortfahren, sich in der nämlichen Richtung und mit der nämlichen Schnelligkeit zu bewegen, es sei denn, dass er durch einen andern Körper gehemmt wird oder von einer anderen Kraft getroffen wird, als derjenigen, von welcher er ursprünglich den Anstoss erhalten hat. Diese Sätze scheinen etwas willkürlich, und man hat in Zweifel gezogen, dass es nothwendige Wahrheiten sind; sie sind lange Zeit als Axiome angesehen; in jedem Falle kann es nicht schaden, sie nur als Behauptungen (Postulate) anzusehn. Indessen glaubt man sehr allgemein, dass, wenn die sichtbare oder fühlbare Bewegung eines Körpers durch seinen Stoss gegen einen andern aufgehalten ist, die Bewegung aufhört und die Kraft, welche sie verursacht hat, vernichtet ist.

Dies angenommen, ist die Meinung, welche hier ausgesprochen wird, die, dass die Kraft nicht vernichtet wird, sondern dass sie bloss getheilt, oder in ihrer Richtung und in ihren Eigenschaften verändert wird. Sprechen wir zuerst von der Richtung. Schwingen wir einen Augenblick unsere Hand: die Bewegung, welche anscheinend aufgehört hat, ist von der Luft aufgenommen, von der Luft geht sie in die Mauer des Zimmers über etc., und durch Wellen, welchselweise direkt oder zurückgeworfen, dauert sie fort, indem sie sich bricht, aber ohne jemals zerstört zu werden. Es ist wahr, dass wir, bis auf einen gewissen Punkt, der Mittel entbehren, um die Bewegung zu entdecken, nachdem sie sich anhaltend in immer kleinere Formen getheilt hat, so dass sie zuletzt unsern feinsten Messwerkzeugen entgehen; aber wir können ins Unendliche unsere Fähigkeit, sie zu unterscheiden, ausdehnen, wenn wir sie geschickt in ihrer Richtung begrenzen, oder die Feinheit unserer analytischen Methode steigern. So ist, wenn wir in einer unbegrenzten Luftmasse die Hand rühren, die der Luft mitgetheilte Bewegung für eine nur etwelche Dezimeter entfernte Person nicht fühlbar; aber wenn ein Stempel von demselben Querschnitt als die Hand, mit gleicher Schnelligkeit durch ein Rohr getrieben wird, so wird die Luftmasse, an der Oeffnung des Rohrs in der Entfernung von einigen Metern gefühlt werden. Es ist in dem zweiten Fall keine grössere Menge Bewegung vorhanden als in dem erstern, aber weil die Richtung der Bewegung eingeengt ist, so sind die Mittel, deren wir uns bedienen, um sie zu entdecken, von grösserer Wirksamkeit.

Engen wir sie noch mehr ein, wie in der Windbüchse,

so gewinnen wir das Mittel, die Bewegung nachzuweisen, indem wir andere Körper in erheblich grössere Entfernungen forttreiben. Die Luftmenge, welche in der Windbüchse die Kugel bis auf mehr als hundert Meter forttreibt, wenn man ihr gestattete, sich ausserhalb der beschränkten Richtung auszudehnen, welche ihr im Anfang angewiesen ist, wie etwa wenn man eine Blase zersprengt, wäre in der Entfernung eines Meters nicht fühlbar, ungeachtet die nämliche Menge Bewegung der umgebenden Luft mitgetheilt sein würde.

Man kann inzwischen fragen, welche Kraftmenge dann ausgelöst wird, wenn die Bewegung angehalten oder behindert wird durch die entgegengesetzte Bewegung eines andern Körpers. Man glaubt gewöhnlich, dass der Zusammenstoss die Ruhe hervorbringt oder eine gänzliche Zerstörung der Bewegung, in Folge dessen — die Zerstörung der Kraft; es kann in der That so sein, in Bezug auf die Massenbewegung, aber dann entsteht eine neue Kraft oder eine neue Art Kraft, und ihre Kundgebung ist, statt der sichtbaren Bewegung, die Wärme. Ich betrachte die Wärme, welche durch Reibung und Perkussion entsteht, als eine Fortsetzung der Kraft, welche anfänglich mit der Bewegung eines Körpers verbunden war, welche nach dem Stoss eines anderen Körpers aufhört als grobe und tastbare Bewegung zu existiren, aber als Wärme fortbesteht.

Setzen wir voraus, dass zwei Körper A und B sich in entgegengesetzter Richtung bewegen (sehen wir, für den Augenblick, ab von jedem fremdartigen Widerstand, wie demjenigen der Luft etc.); wenn sie, ohne gegenseitige Berührung, seitlich an einander vorübergehen, so werden sie fortfahren, sich in ihrer ursprünglichen Richtung mit derselben Schnelligkeit zu bewegen; aber wenn sie sich einander berühren, wird die Schnelligkeit der Bewegung eines jeden vermindert sein, und ebenfalls wird jeder sich erwärmen; wenn die Berührung eine leichte ist und eine geringe Verminderung der Geschwindigkeit verursacht, oder wenn die Oberflächen der Körper geölt sind, so wird die entwickelte Wärme sehr gering sein, wenn dagegen die Berührung der Art ist, dass dadurch eine grosse Verminderung der Geschwindigkeit entsteht, wie bei der Perkussion, oder wenn die Berührungsoberflächen spröde sind, dann wird die entwickelte Wärme beträchtlich sein, dergestalt, dass in allen Fällen die entstehende Wärme der Verminderung der Schnelligkeit proportional ist. Wenn anstatt Widerstand zu leisten und somit die Bewegung des Körpers A zu verhindern, der Körper B weicht und selbst Theil nimmt an der anfänglich dem Körper A mitgetheilten Bewegung, so wird um so weniger Wärme entstehen, je grösser die Bewegung des Körpers B ist; denn in diesem Falle setzt die Arbeit der Kraft sich in Form handgreiflicher Bewegung fort: so wird die durch die Reibung einer Radaxe entstehende Wärme vermindert, wenn man diese Axe mit beweglichen Rollen umgibt; diese nehmen in der That einen Theil der ursprünglichen Axenbewegung auf, und je weniger, bei dieser Einrichtung, die anfängliche Bewegung vermindert ist, desto geringer ist die entwickelte Wärme. Wenn ferner ein Körper sich in einer Flüssigkeit bewegt, so ist, ob sich gleich Wärme entwickelt, diese Wärme unbeträchtlich, weil die Theilchen der Flüssigkeit selbst in Bewegung gesetzt werden und die ursprünglich dem beweglichen Körper mitgetheilte Bewegung fortsetzen; für jeden Theil diesen Flüssigkeitspartikeln mitgetheilter Bewegung, verliert der Körper einen äquivalenten Theil seiner Bewegung: nur dann, wenn die Partikeln und der Körper alle beide ihr Bewegungsäquivalent verlieren, entsteht ein Aequivalent Wärme.

Im umgekehrten Sinne dieses Satzes muss es geschehen, dass eine desto grössere Wärme bei der Reibung entwickelt wird, je spröder die Körper sind, welche sich stossen; und wir finden, dass es in der That so ist. Die Kiesel, der Stahl, die harten Steine, das Glas, die Metalle sind Körper, die durch Reibung oder Perkussion die grösste Wärmemenge entwickeln; das Wasser dagegen, das Oel etc. entwickeln wenig oder keine Wärme; durch die so grosse Beweglichkeit ihrer Moleküle vermindern diese Flüssigkeiten selbst ihre Bewegung, wenn man sie inmitten bewegter spröder Körper stellt. Sodann bemerken wir, wenn wir die Axe der Räder ölen, eine raschere Bewegung dieser Räder, aber es entwickelt sich weniger Wärme; wenn wir im Gegentheil den Widerstand gegen die Bewegung vermehren, wie es geschieht, wenn die Berührungspunkte spröde gemacht werden, dergestalt, dass jedes Theilchen die andern stösst und ihre Bewegung verhindert, dann haben wir eine Verminderung der Massenbewegung, aber die entwickelte Wärme ist vermehrt: wenn die Körper glatt sind, wenn man aber, statt sie ohne innige Berührung auf einander gleiten zu lassen, sie zuerst stark an einander presst, dann wird man in vielen Fällen mehr Wärme entwickeln als bei der Reibung spröder Körper, weil man so eine grössere Menge von Theilchen zur Reibung veranlasst und einen grössern Widerstand gegen die erste Bewegung erzeugt. Es zeigt sich meinem Geiste kein Fall von Wärme, die durch Reibung entstanden ist, der nicht durch diese Theorie könnte ausgedrückt werden; die Reibung ist, von diesem Gesichtspunkt, Nichts als verhinderte Bewegung. Je grösser der Widerstand gegen die Bewegung ist, desto mehr Kraft muss man anwenden, um ihn zu überwinden, desto grösser ist die entwickelte Wärme; diese entstandene Wärme, welche die Fortsetzung einer unzerstörlichen Kraft ist, kann ihrerseits, wie wir sehen werden, handgreifliche Bewegung hervorbringen, oder die Bewegung bestimmt begrenzter Massen.

Welches auch die Natur der Körper sein möge, ob hart oder weich, ob fest oder flüssig, sobald nur die ihnen anfänglich mitgetheilte Kraftgrösse die nämliche ist und die Bewegung gänzlich angehalten oder verhindert ist, so wird sich bei Allen die nämliche Wärmemenge entwickelt haben, ungeachtet, wenn sich die Bewegung auf eine grössere Zahl materieller Punkte zerstreut oder verloren hat, es natürlich viel schwerer ist, die entstandene Wärme wahrzunehmen, wegen ihrer grösseren Zerstreuung. Die Reibung der Flüssigkeiten erzeugt Wärme; diese Thatsache ist, wie ich glaube, zuerst von M. Mayer festgestellt. Die durch Reibung der Flüssigkeiten entstandene Gesammtwärme muss, wie ich gesagt habe, der durch Reibung fester Körper entstandenen gleich sein; denn obgleich jedes einzelne flüssige Theilchen wenig Wärme erzeugt, weil ihre Bewegung leicht von den umgebenden Theilen aufgenommen wird, so hat dennoch, wenn zuletzt die ganze Masse in Ruhe gekommen ist, thatsächlich die nämliche Widerstandskraft auf die ursprüngliche Bewegung gewirkt, als bei der Reibung fester Körper, vorausgesetzt, dass die Bewegung durch die nämliche ursprüngliche Kraft mitgetheilt ist. Nimmt man die Wärme in Masse, und bringt man die specifische Wärmeempfänglichkeit der angewendeten Substanzen mit in Anschlag, so wird man sie wahrscheinlich gleich finden, wenn sie gleich scheinbar minder ist. Bei festen Körpern entwickelt sich die Wärme an gewissen festen Punkten, während sie bei Flüssigkeiten zerstreut ist; die Zeit und der Raum, welche zur Fortpflanzung der Bewegung dienen, sind in beiden Fällen verschieden, dergestalt, dass im letztern Falle die Wärme leichter an die benachbarten Körper entweicht.

Wenn eine Anfangsbewegung, statt durch den Stoss anderer Körper angehalten zu werden, wie bei der Reibung und bei der Perkussion, durch Einsperrung oder Zusammenpressung verhindert wird, wie wenn die Ausdehnung eines Gases durch mechanische Mittel unmöglich gemacht ist, dann wird ebenfalls Wärme entwickelt; so erhitzen sich, wenn man sich eines Stempels bedient, um die Luft in einem geschlossenen Gefässe zu verdichten, beide, die Luft und die Wände des Gefässes; indem es der Luft hier unmöglich ist, die Anfangsbewegung in sich aufzunehmen oder weiterzuführen, theilt sie die Molekülbewegung oder die Ausdehnung an alle mit ihr in Berührung stehende Körper mit. Umgekehrt, wenn wir die Luft durch eine mechanische Bewegung sich ausdehnen lassen, wie durch Zurückziehen des Stempels geschieht, so erzeugt sich Kälte. Ebenso, wenn die Theilchen eines festen Körpers zusammengepresst oder einander genähert werden, wie beim Abplatten einer Eisenstange mit dem Hammer, so wird noch mehr Wärme entwickelt, als durch blosse Perkussion entstanden wäre, ohne Zusammenpressung. In diesem letztern Falle können wir nicht leicht den umgekehrten Fall hervorrufen oder Kälte durch mechanische Ausdehnung eines festen Körpers erzeugen; aber es ereignet sich doch etwas Aehnliches bei den Auflösungserscheinungen, wo die Theilchen des festen Körpers von einander abgelöst werden und in grössserer Entfernung von einander vereinzelt werden; auch in dem Falle des Auflösens wird Kälte erzeugt.

Wir haben, durch eine Reihe sehr ausgedehnter Beobachtungen und Versuche, das Recht zu schliessen, dass mit Ausnahme einiger besonderer Fälle, von welchen ich später sprechen werde, jedesmal wenn ein Körper zusammengepresst wird oder einen kleinern Raum einnimmt, er sich erhitzt oder die benachbarten Substanzen ausdehnt; dass jedesmal, wenn er sich ausdehnt, oder mehr Raum einnimmt, er kälter wird oder macht, dass die benachbarten Substanzen sich zusammenziehen.

Herr Joule hat mehrere Versuche in der Absicht gemacht, zu bestimmen welche Wärmemenge durch eine gegebene mechanische Thätigkeit erzeugt wird. Seine Art zu experimentiren war die folgende: Ein Apparat, aus messingenen oder eisernen Schaufeln oder Scheiben bestehend, wurde in einem Bade von Wasser oder Quecksilber in Drehung versetzt; die Kraft, welche die rotirende Bewegung mittheilte, war ein erhobenes Gewicht, wie dasjenige der Uhren auf eine gewisse Höhe gebracht; indem es während seines Falles auf eine Rolle wirkte, theilte es die Bewegung an das Rad mit der Scheibe mit; das Wasser oder das Quecksilber dienten zu gleicher Zeit als Mittel der Reibung und als Wärmemesser; die entwickelte Wärme wurde durch ein sehr empfindliches Thermometer mit Quecksilber gemessen; die Ergebnisse dieser Versuche scheinen ihm zu beweisen, dass der Fall eines Gewichts von 423,5 Kilogramm um die Länge eines Meters im Stande ist, die Temperatur eines Kilogramms Wasser um einen Grad der hunderttheiligen Scala zu erhöhen. Die Versuche des Herrn Joule sind mit einer ausnehmenden Feinheit gemacht; er hat die Bestimmung bis auf den tausendsten Theil eines Temperaturgrades getrieben, und ein grosser Theil seiner thermometrischen Bezeichnungen für die Kraft bewegen sich in den Grenzen eines einzigen Grades. Andere Physiker sind zu sehr abweichenden Zahlenwerten gekommen; wir werden in der Folge Gelegenheit haben, einige dieser Resultate zu betrachten: die Frage ist noch nicht vollständig gelöst.

Bis hierher haben wir keinen Unterschied unter den physischen Charakteren der reibenden Körper gemacht; die Natur bietet uns jedoch erhebliche Unterschiede dar in der Art und Weise einer durch Reibung frei gewordenen oder erzeugten Kraft, je nachdem die sich reibenden Körper gleichartig oder ungleichartig sind; sind sie gleichartig, so entsteht nur Wärme; sind sie ungleichartig, so entsteht Elektrizität.

Wir finden, es ist wahr, von gewissen Autoren Beispiele citirt von Elektrizität, die durch die Reibung gleichartiger Körper erzeugt ist; aber, wie ich in meinen ersten Vorträgen gesagt habe, kann ich diese Fälle durch meine eignen Versuche nicht bestätigen. Meine Folgerungen sind befestigt durch einige Versuche des Professors Erman, die er im Jahre 1845 der Versammlung der Britischen Gesellschaft mitgetheilt hat, und durch welche er feststellt, dass durch die Reibung vollkommen gleicher Körper, wie z. B. der Enden einer in zwei zerbrochenen Stange, keine Elektrizität entsteht. Versuche dieser Art, das ist wahr, sind selten ohne schwache electrische Ströme, aus dem Grunde, weil die Bedingungen vollkommener Gleichartigkeit zu ihrer Herstellung practische Schwierigkeiten bieten, sei es in den Substanzen selbst, sei es in ihrem Durchmesser, in der Temperatur etc.; aber diese Ströme sind durchaus unbedeutend, weichen ab in ihrer Richtung, ihre Resultante ist fast ganz gleich Null; es wäre im Uebrigen schwer einzusehen, wie es anders sein soll. Wie nur wär' es uns möglich, uns die Richtung eines Stroms vorzustellen, oder zu definiren, der von demselben Körper zu demselben Körper ginge, oder Anweisungen zu geben, um dergleichen durch Versuche nachzuahmen? Man würde von Keinem verstanden werden, wenn man sagte, dass, indem man zwei Stücke Wismut, Eisen oder Glas an einander reibt, man einen Strom erzeugt hat, der vom Wismut zum Wismut, vom Glase zum Glase geht, denn man würde alsbald die Frage auftauchen sehn: Von welchem Wismut zu welchem Wismut wird der Strom gehen? Man könnte, um den Versuch einer Antwort zu machen, das eine Stück A nennen und das andere B; aber diese Unterscheidung, welche nur auf vereinzelte Proben des Versuchs Anwendung finden würde, ist im Grunde Nichts als eine äusserliche Bezeichnung durch einen Namen, aber keine durch ein innerliches und wirkliches Kennzeichen; Nichts würde verhindern, die Stange, welche man A genannt hat, B. zu nennen. Die Stange, nach welcher die positive Elektrizität läuft, wäre dann die nämliche, nach welcher die negative geht. Wir können, im Gegentheil, wohl sagen, dass die Elektrizität vom polirten zum nichtpolirten Glase geht, vom Gusseisen zum Schmiedeeisen, weil es hier keine Gleichheit mehr gibt. Im Uebrigen wär' es begreiflich, wenn durch eine anhaltende Reibung gleichartiger Körper in einer bestimmten Richtung Elektrizität entstände. Wenn A und B gegen einander reiben, indem sie in entgegengesetzter Richtung bewegt werden, so kann man sich denken, dass concentrische Ströme von positiver und von negativer Elektrizität im Innern der Metalle kreisen, und man kann sie bezeichnen, indem man die Richtung ihrer Bewegung berücksichtigt. Dies wäre dann, soviel ist gewiss, ein Phänomen, das von den bisher studirten verschieden ist, und kein Versuch hat es bis jetzt dargestellt; aber ohne irgend eine Verschiedenheit der beiden Substanzen, sei es in der Qualität, sei es in der Richtung ihrer Bewegung, würden die elektrischen Wirkungen undefinirbar, wo nicht unbegreiflich sein.

Wir können also sagen, dass im gegenwärtigen Zustande der Wissenschaft, wo Körper, die gegen einander reiben, gleichartig sind, es Wärme, keine Elektrizität ist, welche durch die Reibung entsteht; da wo die reibenden Körper ungleichartig sind, können wir mit voller Sicherheit behaupten, dass Elektrizität durch die Reibung erzeugt wird, wenn gleich diese Elektrizität immer in geringerem oder grösserem Maasse von Wärme begleitet ist. Wenn wir aber bei der Frage anlangen: Welches ist das Verhältniss der Menge erzeugter Elektrizität zu der Menge angewendeter mechanischer Kraft, je nach der charakteristischen Verschiedenheit der an einander geriebenen Substanzen — dann stossen wir auf sehr complicirte Resultate. Diese Körper können durch so viel Eigenthümlichkeiten verschieden sein, welche mehr oder weniger Einfluss haben auf die Entwicklung der Elektrizität, wie ihre chemische Constitution, der Zustand ihrer Oberfläche, ihr Aggregatzustand, ihre Durchscheinenheit, ihre Undurchsichtigkeit, ihr Leitungsvermögen für die Wärme etc. etc., dass die Normen, die Bedingungen ihrer Thätigkeit sehr schwer zu bestimmen sind. Als allgemeine Regel indessen kann man sagen, dass die Entwicklung der Elektrizität grösser ist, wenn die angewendeten Substanzen durch ihre physikalischen und chemischen Eigenschaften stark von einander abweichen, und vorzüglich durch ihr Leitungsvermögen, welches wahrscheinlich von ihrem molekulären Zustande abhängt; aber die Gesetze dieser Entwicklung sind noch nicht bestimmt, nicht einmal annäherungsweise.

Ich habe, in Bezug auf die verschiedenen Kräfte oder Erregungen der Materie gesagt, dass jede von ihnen mittelbar oder unmittelbar die anderen erzeugen kann, und dies ist Alles, was ich beim jetzigen Zustande der Wissenschaft wagen kann von ihnen zu sagen; aber nach langen Reflexionen neige ich stark zu der Ansicht, dass die Wissenschaft reissend auf die Darstellung der unmittelbaren und direkten Beziehung aller dieser Kräfte zu geht. Da wo man bis jetzt noch nicht dahin gelangt ist, eine unmittelbare Beziehung unter einigen von ihnen nachzuweisen, wo man sie nur mittelbar auseinander hat entstehen lassen können, da ist es in der Regel die Elektrizität, welche den vermittelnden Ring oder den mittleren Zustand bildet.

Die Bewegung also bringt unmittelbar die Wärme und die Elektrizität hervor und die durch die Bewegung erzeugte Elektrizität bewirkt den Magnetismus, eine Kraft die immer durch elektrische Ströme in senkrechter Richtung auf diesen Strömen entwickelt wird, wie wir in der Folge ausführlich entwickeln werden. Auch das Licht wird leicht durch die Bewegung erzeugt, theils direkt, wie dann, wenn es die durch Reibung entstandenen Ströme begleitet, theils mittelbar durch die Elektrizität, welche durch Bewegung erzeugt wird, wie beim elektrischen Funken, der viele Attribute des Sonnenlichts besitzt, von diesem nur verschieden ist in solchen Punkten, als die aus verschiedenen Quellen entsprungenen Lichtarten, oder ihr Aussehn durch verschiedene brechende Mittel, wie z. B. die Stellung der festen Strahlen im Spectrum, oder die Raumverhältnisse der Strahlen von verschiedener Brechbarkeit. In den Verbindungen oder Zerlegungen, welche die Endspitzen der Leiter an der electrischen Maschine hervorbringen, wenn sie in verschiedene chemische Mittel getaucht ist, finden wir die Erzeugung der chemischen Verwandtschaft durch die Elektrizität, deren erste Ursache die Bewegung war. Zuletzt kann ihrerseits die Bewegung durch Kräfte entstehen, welche aus der Reibung hervorgegangen sind. So das Auseinanderweichen der Blätter oder Strohhalme des Electrometers, der Drehungen des electrischen Rades, die Abweichungen der Magnetnadel — das Alles, wenn es durch Reibungselektrizität erzeugt ist, sind sinnfällige Bewegungen, wiedererzeugt durch das Mittelglied derjenigen Art Kraft, welche durch die Bewegung hervorgerufen ist.

Wärme.

———

Wenn wir jetzt die Wärme als Ausgangspunkt wählen, so finden wir, dass die andern Arten der Kraft leicht durch sie hervorgebracht werden können. Betrachten wir zuerst die Bewegung: sie ist so allgemein, ich könnte sagen, so unbedingt die unmittelbare Wirkung der Wärme, dass wir diese nicht anders ansehen, denn als eine mechanische Repulsivkraft, eine antagonistische Kraft der Anziehung, der Cohäsion oder der Aggregation, mit der Tendenz die Theilchen aller Körper zu bewegen, oder sie von einander zu trennen.

Es wird gut sein, wenn ich hier im Voraus sage, dass ich, wenn ich mich des Wortes „Partikeln“ oder „Moleküle“ bediene, welche ich oft in dieser Abhandlung anwenden werde, sie nicht im Sinne der Atomisten verstehe, oder andeute, dass die Materie aus untheilbaren Theilchen oder Atomen zusammengesetzt sei. Ich bediene mich dieses Wortes bloss in der nothwendigen Absicht, einen Unterschied zu machen zwischen der Thätigkeit ausserordentlich kleiner physikalischer Elemente der Materie, von der Thätigkeit der Massen, welche eine sichtbare Grösse haben: wie man sich in derselben Absicht mit Vortheil in einem abstrakten Sinn der Worte „Linien, Punkte“ bedient, ungeachtet es in Wirklichkeit keine Grösse gibt, die Länge hat, und keine Länge ohne Dicke, und obgleich eine Grösse ohne Theile oder ohne Dimensionen ein unbedingtes Nichts ist.

Wenn wir die Empfindung bei Seite lassen, welche die Wärme in unserm eignen Körper verursacht, und wenn wir die Wärme bloss nach ihrer Wirkung auf unorganischen Stoff betrachten, so finden wir, dass die Wirkungen der Wärme, mit wenigen Ausnahmen, die ich alsbald anzeigen will, eine Ausdehnung, eine Erweiterung derjenigen Materie sind, in welcher sie hervortreten, und dass die so ausgedehnte Materie das Vermögen hat, indem sie sich nachträglich zusammenzieht, die Ausdehnung allen mit ihr in Berührung stehenden Stoffen mitzutheilen. So wenn der Körper ein fester ist, z. B. Eisen, eine Flüssigkeit, Wasser, oder ein Gas, die atmosphärische Luft, — jeder dieser Körper, wenn er erwärmt wird, dehnt sich nach allen Richtungen aus: in den beiden ersten Fällen verändern wir, wenn wir die Wärme bis auf einen gewissen Punkt steigern, den physischen Charakter der Substanz, der feste Körper wird zur Flüssigkeit und der flüssige zum Gas. Diese Flüssigkeit und dies Gas sind inzwischen noch ausdehnbar, vorzüglich das letztere; jenseit einer gewissen Periode wird seine Ausdehnung pünktlich und ins Unendliche immer grösser und grösser.

Aber wie geht man thatsächlich gewöhnlich zu Werke, um eine Substanz zu erwärmen, um ihre Temperatur zu erhöhen? Man nähert sie einfach einer anderen erwärmten Substanz, einem ausgedehnten Körper, und dieser andere Körper kühlt sich ab oder zieht sich zusammen in dem Masse als der erste sich ausdehnt. Tilgen wir jetzt aus unserem Geiste die Vorstellung, dass die Wärme an sich etwas Substantielles, eine Substanz ist, und nehmen wir an, dass wir dies Phänomen zum ersten Mal sehen, ohne irgend eine über diesen Gegenstand vorgefasste Meinung; führen wir keine Hypothese ein, und drücken wir so einfach als nur thunlich die Thatsachen aus, welche wir kennen gelernt haben. Auf was werden sie sich zurückführen lassen? Auf das Folgende: dass die Materie, sich selbst überlassen, eine moleküläre Repulsivkraft hat, ein Ausdehnungsvermögen, welches durch Nahesein und Berührung mittheilbar ist.

Die Wärme, so betrachtet, ist eine Bewegung, und diese Bewegung von Molekülen können wir ohne Mühe in Massenbewegung oder in Bewegung von gewöhnlicher handgreiflicher

Art verwandeln: z. B. in der Dampfmaschine wird der Stempel und alle Stoffmassen, welche ihn begleiten durch die moleküläre Ausdehnung des Wasserdampfes in Bewegung gesetzt.

Um eine anhaltende Bewegung hervorzubringen, müsste man eine abwechselnde Wirkung der Kälte und der Wärme in Scene setzen. Eine gewisse Luftmenge z. B. bis zu einer höheren Temperatur als diejenige der umgebenden Luft erwärmt, dehnt sich aus: wenn wir sie dann auf einen beweglichen Stempel wirken lassen, so wird sie ihn bis auf den Punkt treiben, wo die elastische Kraft der eingesperrten Luft derjenigen der Umgebungsluft gleich ist. Wenn die eingesperrte Luft auf diesem Punkte gelassen wird, wird der Stempel stillstehn, wenn man aber die eingesperrte Luft erkältet, so wird der Stempel, weil dann die äussere Luft beziehungsweise einen grössern Druck ausübt, in seine erste Stellung zurückkehren: es ist ebenso, wie man sehen wird, wenn wir zur magnetischen Kraft kommen, wenn ein Magnet in eine angemessene Stellung gebracht, das in seiner Nähe befindliche Eisen in Bewegung setzt, nur dass man, um die Bewegung anhaltend zu machen, oder um eine mechanische Kraft zu gewinnen, dem Magnet seinen Magnetismus entziehen muss, weil man sonst bald ein stabiles Gleichgewicht haben würde.

In dem Falle eines mittelst warmer Luft bewegten Stempels wird die Bewegung der Masse der Ausdruck oder das Maass für die vorhandene Wärmemenge, d. h. für die Ausdehnung der Moleküle, und wir können durch keine der bekannten Methoden die Wärme anders schätzen, als nur durch ihre dynamische Wirkung. Die verschiedenen Arten der Wärmemesser und Feuermesser (Thermometer und Pyrometer) sind alle Messwerkzeuge, welche den Wärmegrad durch die Bewegung bestimmen; bei allen diesen Instrumenten werden feste, flüssige oder luftförmige Körper ausgedehnt oder verlängert, d. h. in einer bestimmten Richtung bewegt; und, entweder durch ihre eigene sichtbare Bewegung oder durch die Bewegung eines Index oder einer Nadel zeigen sie unsern Sinnen die Höhe der Kraft an, durch welche sie in Bewegung gesetzt sind. Es gibt in der That einige Versuche, welche dahin gehen, zu zeigen, dass die Wärme zwischen zwei getrennten Massen eine zurückstossende Thätigkeit (Repulsivkraft) erweckt. Fresnel hat gesehen, dass bewegliche Körper,

in einem leeren Behälter erwärmt, sich gegenseitig in merk-
liche Entfernungen abstossen; und Herr Baden Powell hat
gefunden, dass die gefärbten Ringe, gewöhnlich newton'sche
Ringe genannt, ihre Breite und ihre Stellung verändern, wenn
man die Gläser erwärmt, zwischen welchen sie sich zeigen,
und das auf eine Weise, die zeigt, dass die beiden Gläser
sich gegenseitig abstossen. Es ist indessen etwas schwer, diese
Erscheinungen dem Geiste unter denselben Gesichtspunkt zu
bringen, als die moleküläre Repulsivkraft der Wärme.

Die unter dem Namen latenter Wärme bekannten Erscheinungen werden allgemein als sehr günstig angesehen für die
Meinung, dass die Wärme entweder ein wirklicher Stoff, oder
in jedem Fall ein substantielles Etwas sei, aber keine Bewegung oder Erregung der gewöhnlichen Materie.

Die Hypothese von einer versteckten (latenten) Materie,
wie ich nicht eben ohne etwas Bedenken zu sagen wage, ist
gefährlich; dies ist etwas Aehnliches als das alte Prinzip des
Phlogiston; man kann es nicht tasten, nicht sehen, nicht hören;
dies ist in der That einer von jenen zu feinen Begriffen des
Geistes, zu welchen man, man erlaube mir dies zu sagen, nur
im äussersten Falle seine Zuflucht nehmen müsste, um so mehr,
weil man versucht sein könnte, ähnliche Etwasse in andere
Reihen natürlicher Erscheinungen einzuführen und so das Gerüste der Hypothesen zu vergrössern, welche nur selten un-
entbehrlich sind, und die man nur mit der äussersten Zurückhaltung anwenden muss, selbst im ersten Zeitraum einer Entdeckung. Als Beispiel, das mir schlagend scheint, für die
gefährliche Wirkung des Verkehrs mit solchen hypothetischen
Essenzen, will ich die ähnliche Doktrin von dem unsichtbaren
Licht zitiren; und man wolle nicht glauben, dass ich, wenn
ich rede, wie ich es thun werde, es an Achtung für den aus-
gezeichneten Urheber dieser Theorie fehlen lasse, ebenso wenig als durch die Kritik der Doktrin von der latenten Wärme
irgend Jemand mich in Verdacht haben kann als wollte ich
dem berühmten Entdecker der Thatsachen, welche diese Doktrin zu erklären sucht, etwas von seinem Verdienste schmälern. Ist denn nicht das unsichtbare Licht ein Widerspruch
in den Worten selbst? Hat man denn das Licht nicht immer
als die Kraft angesehen, welche das Gesichtsorgan berührt?

Unsichtbares Licht ist Finsterniss, und wenn es existirt, so ist Finsterniss Licht. Ich weiss, dass man sagen kann, ein Auge könne das Licht da wahrnehmen, wo ein anderes es nicht empfindet, dass eine Katze da sieht, wo ein Mensch Nichts würde sehen können; dass ein Insekt da sehen kann, wo eine Katze Nichts sieht, aber das Licht ist nicht unsichtbar für den, der es sieht; das Licht, oder besser der Gegenstand, welchen eine Katze sieht, kann für den Menschen unsichtbar sein, aber er ist sichtbar für die Katze und folglich kann man auf keine unbedingte Weise sagen, dass er unsichtbar ist. Wenn wir weiter gehen und ein Agens finden, das gewisse Substanzen ebenso angreift, als das Licht, aber das so viel wir wissen, auf das Sehorgan keines Thieres einen Eindruck macht — wär' es nicht eine irrige Bezeichnung, wenn man dies Agens Licht nennen wollte? Es gibt mehrere Fälle, wo abenteuerliche Bezeichnungen, wenn sie sich mit den Wörtern eingeschlichen haben, so zum gewöhnlichen Gebrauche dienen, dass es unmöglich ist, sie zu vermeiden; aber ich sage, dass man sich so viel als möglich hüten muss, diese Fälle zu vermehren, weil dies eine Unbill gegen die Sprache ist, deren Bestimmtheit eine der sichersten Garantien für die gewonnenen Kenntnisse ist, und deren Abwesenheit den physikalischen Wissenschaften so viel Nachtheil verursacht hat.

Gehn wir jetzt über zu einer kurzen Prüfung der Frage, welche die latente Wärme betrifft, und sehn wir zu, ob die Phänomene nicht ebenso gut, wo nicht besser, ohne die Hypothese der latenten Wärme erklärt werden können, eine Idee, welche die nämlichen Schwierigkeiten darbietet, als das unsichtbare Licht, ungeachtet sie durch die Gewohnheit mehr geheiligt ist. Die latente Wärme wird vorausgesetzt als ein Wärmestoff im maskirten und schlafenden Zustande, verbunden mit der gewöhnlichen Materie, unvermögend sich durch irgend ein Reagens zu erkennen zu geben, so lange, als die Materie, womit er verbunden ist, in demselben physischen Zustande bleibt, der aber anderen Körpern mitgetheilt oder von ihnen verschluckt werden kann, wenn die Materie, womit er verbunden ist, seinen Zustand ändert. Nehmen wir ein sehr bekanntes Beispiel: ein gegebenes Kilogramm oder eine Gewichtsmenge Wasser von 75^0, gemischt mit einer gleichen

Gewichtsmenge Wasser von Null Grad, nimmt die mittlere Temperatur von 37°,5 an, während das Wasser von 75°, gemischt mit einer gleichen Gewichtsmenge Eis von Null Grad zu der Temperatur von Null zurückgeführt wird. Nach der Theorie von der latenten Wärme wird dies Phänomen auf folgende Weise erklärt: in dem ersteren Falle, demjenigen des Wassers, welches mit Wasser vermischt wird, weil hier beide Körper sich in dem nämlichen physischen Zustande befinden, wird keine latente Wärme wahrnehmbar gemacht; in dem zweiten Falle aber nimmt das Eis, indem es seinen Zustand ändert und von einem festen Körper zu einem flüssigen wird, so viel Wärme auf, als nöthig ist, um sich im flüssigen Zustande zu erhalten; es macht diese Wärme latent und hält sie so lange mit sich verbunden, als es flüssig bleibt, ohne dass sie durch irgend ein wärmemessendes Werkzeug nachgewiesen werden kann.

Ich glaube, dass dies Phänomen und andere ähnliche Erscheinungen, wo die Wärme mit einer Veränderung des Zustandes verbunden ist, erklärt und klar begriffen werden können, ohne irgend den Begriff der latenten Wärme heranzuziehen, ungeachtet es einige Anstrengung des Geistes erfordert, um sich nicht dazu hinreissen zu lassen und die Erscheinung nicht einfach vom Standpunkte dynamischer Wechselwirkung anzusehn. Um es so aufzufassen, vergleichen wir zunächst, mit einfachen mechanischen Wirkungen, einfache Wärmewirkungen, wo kein Wechsel des Aggregatzustandes hinzutritt, wie der Uebergang eines festen Körpers in den flüssigen, und eines flüssigen in den gasförmigen Zustand. Stellen wir also in das Innere eines Behälters eine Blase und erwärmen wir die darin enthaltene Luft bis zu einer höheren Temperatur als diejenige der Luft, welche die Blase umgibt, so wird diese sich ausdehnen; ebenso mögen wir mechanisch die Spannung der in der Blase enthaltenen Luft mit einer Compressionsmaschine steigern, so wird die Blase sich ebenfalls ausdehnen; machen wir die äussere Luft kälter oder vermindern wir mechanisch ihren Druck mittelst einer pneumatischen Maschine, so wird die Blase sich auch ausdehnen; umgekehrt mögen wir die äussere Druckkraft (Repulsivkraft) steigern, sei es durch eine Temperaturerhöhung,

oder durch einen mechanischen Druck, so zieht sich die Blase
zusammen. In diesen mechanischen Wirkungen entspringt
die ausdehnende Kraft auf Kosten des mechanischen Drucks,
wie die Muskelkraft, die Schwerkraft, die Spannung einer
elastischen Feder, oder jede ähnliche Kraft angewendet wird,
um eine Luftpumpe in Bewegung zu setzen. Bei den wärme-
erzeugenden Wirkungen wird die Kraft von dem chemischen
Prozess im Innern der Lampe oder von den Quellen der angewendeten Wärme abgeleitet.

Nehmen wir wieder den nämlichen Versuch, aber ordnen
wir ihn so an, dass die Kraft, welche in dem einen Fall die
Ausdehnung bewirkt, in dem andern Falle eine genau entsprechende Zusammenziehung verursacht. Wenn also zwei
Blasen, durch einen gemeinschaftlichen Hals mit einander
verbunden, halb mit Luft gefüllt sind und man durch Druck
die eine der Blasen sich zusammenziehen lässt, so dehnt die
andere sich aus, und so wechselweise; ebenso zieht eine mit
kalter Luft gefüllte Blase, die in einer zweiten mit warmer
Luft gefüllten Blase steckt, sich zusammen, sobald der Raum
zwischen beiden Blasen enger gemacht wird. Diese Wirkungen stellen sich her durch die einfache Uebertragung der
nämlichen Menge von Repulsivkraft, indem die Beweglichkeit
der Moleküle und ihre gegenseitige Anziehung in den beiden
Körpern die nämlichen sind; mit anderen Worten: die Repulsivkraft wirkt in der Richtung des geringsten Widerstandes bis das
Gleichgewicht hergestellt ist; die Kraft wird dann statisch oder
tritt ins Gleichgewicht, statt dynamisch oder bewegend zu sein.

Betrachten wir jetzt den Fall eines festen Körpers, der sich
in eine Flüssigkeit verwandelt, oder einer Flüssigkeit, die zum
Gase wird: hier bedarf es einer viel grösseren Wärmemenge oder
Repulsivkraft, wegen des engen Zusammenhaltens der Theilchen welche es zu trennen gibt. Um zu erreichen, dass die Theilchen eines festen Körpers sich trennen, muss der wärmere flüssige Körper ihm genau so viel Wärme abgeben, als nöthig ist,
um eine gleiche Menge dieses Körpers im flüssigen Zustande
zu erhalten; dies ist, in Wirklichkeit, bloss mit einer schärferen
Begrenzungslinie, der Fall wie mit zwei Blasen, von welchen
eine kalt, die andere warm ist; ein Theil der Repulsivkraft in
den warmen Theilchen wird auf die kalten Theile übertragen

und trennt sie ebenfalls; aber weil die entgegenwirkende Kraft des Zusammenhalts und der Verkörperung, welche nothwendig zu überwinden ist, in diesem Falle viel intensiver ist, so entfernt sie eine viel grössere Menge, ein genau proportionales Maass der Repulsivkraft, um mechanisch überwunden zu werden: aus diesem Grunde ist der hervorgebrachte Effekt ganz anders, als wenn es sich um ein Thermometer handelte, dessen Flüssigkeit sich ausdehnen kann, ohne vorgängig eine ähnliche Veränderung ihres Aggregatzustandes zu erfahren. Ganz entsprechend dem oben zitirten Versuche mit einem Gemische von kaltem und von warmem Wasser, weil das warme Wasser, das kalte Wasser und das Quecksilber des Thermometers alle drei ursprünglich flüssig sind und nach der Berührung in diesem Zustande bleiben, ist die resultirende Temperatur genau das arithmetische Mittel der beiden gemischten Körper; das warme Wasser zieht sich um eine gewisse Grösse zusammen; das kalte Wasser dehnt sich um dieselbe Grösse aus; und das Thermometer steigt oder fällt genau um dieselbe Zahl von Graden, je nachdem es in das kalte Wasser getaucht wurde, weil das Quecksilber das nämliche Aequivalent von Repulsivkraft empfängt oder verliert. Bei dem zweiten Versuche, das heisst bei der Mischung von Eis mit heissem Wasser, kann die Substanz, deren wir uns als Anzeigers bedienen, das Quecksilber also, nicht dieselben Veränderungen eingehen, als die Körper, deren Raumbeziehungen wir soeben untersuchten. Die Kraft, indem wir einfach die Wärme als eine mechanische Kraft ansehen, angewendet, um die Theilchen des Eises zu befreien oder zu lösen, wird dem flüssigen Wasser oder dem flüssigen Quecksilber des Thermometers entzogen, und in demselben Verhältniss, als diese Kraft einen grösseren Widerstand findet, um die Theile eines festen Körpers, als, um die Theile eines flüssigen Körpers zu trennen, erfahren die Körper, welche dieser Kraft weichen, eine grössere Zusammenziehung.

Wenn wir die Wirkungen der Wärme auf zwei Substanzen, nur auf Wasser und Quecksilber, vergleichen, und wenn wir aufhören, das Eis in Betracht zu ziehn, so sind wir in dem Falle, dieselbe Betrachtungsweise anzuwenden. Denn wenn eine gegebene Wärmequelle auf Wasser angewendet wird, das einen Thermometer mit Quecksilber enthält, so werden das Wasser und das Quecksilber alle beide sich stufenweise ausdehnen, aber bis zu verschiedenen Graden; an einem gewissen Punkte wird die Anziehungskraft der Wassertheilchen auf einander in dem Grade überwunden, dass das Wasser zu Dampf wird. Weil an diesem Punkte die Wärme oder die Kraft einen viel geringeren Widerstand erfährt von Seiten der Wassertheilchen, als von Seiten der Quecksilbertheilchen, so entladet sie sich auf die ersteren; das Quecksilber dehnt sich nicht mehr aus, zum Mindesten in einem sehr geringen Grade; der Dampf im Gegentheil dehnt sich stark aus. Augenblicklich, wenn man den Punkt erreicht, wo der äussere Druck der weitern Ausdehnung des Dampfes einen gleichen Widerstand leistet als derjenige, welcher die Ausdehnung des Quecksilbers im Thermometer verhindert, dann steigt dieser von Neuem, und alle beide, Dampf und Quecksilber, dehnen sich aus im umgekehrten Verhältniss ihrer molekülären Anziehungskraft. Steigert man den äusseren Druck, indem man z. B. im Anfange des Versuches das Wasser in ein Gefäss einschliesst, das weniger ausdehnbar ist, als das Wasser, wie in eine Kammer von Metall, dann wird das Quecksilber des Thermometers fortfahren zu steigen; und wenn wir den Versuch fortsetzen, indem wir ihn so anordnen, dass der eingesperrte Stoff das Wasser ist, nicht das Quecksilber, bis so lange, dass wir einen Grad der Repulsivkraft haben, der die Cohäsionskraft des Quecksilbers zu überwinden vermag, so dass dieses folglich sich in Dampf verwandelt, so werden wir den umgekehrten Erfolg haben: die Kraft wird sich auf das Quecksilber entladen, das sich unendlich ausdehnen wird, wie das Wasser es im ersten Falle that, und das Wasser wird sich durchaus nicht ausdehnen.

Eine andere sehr gewöhnliche Art die Sache anzusehen, kann im ersten Augenblick Schwierigkeit machen; aber bei etwas Aufmerksamkeit wird man sehen, dass sie sich durch die nämlichen Prinzipien erklären lässt. Wasser, auf dessen Oberfläche Eis fliesst, wenn man es mit dem Thermometer misst, bietet dieselbe Temperatur dar, als das Eis, das will sagen: alle beide, das Wasser und das Eis, ziehen das Quecksilber des Thermometers zusammen, bis zu dem Punkt, welchen man herkömmlich mit Null bezeichnet. Man kann fragen warum diese Thatsache nicht im Widerspruch ist mit der dynamischen Theorie; denn nach dieser Doktrin muss der feste Körper dem Quecksilber des Thermometers eine grössere Menge Repulsivkraft entziehen als der flüssige; freilich müsste das Eis in dem Quecksilber eine grössere Zusammenziehung bewirken, als das Wasser.

Meine Antwort ist, dass bei der so gestellten Frage die Mengen des Eises, des Wassers und des Quecksilbers nicht in Betracht gezogen sind, und dass man hierdurch ein nothwendiges dynamisches Element vernachlässigt: wenn man das Element der Masse mit in Rechnung zieht, so hat die Einwendung keine Kraft mehr. Nehmen wir z. B. an, dass das Thermometer 400 Gramm Quecksilber enthält und sich auf $38^0,5$ stellt; wenn man es auf eine unbegrenzte Eismasse von Null Grad bringt, so wird das Quecksilber auf Null fallen; wenn das nämliche Thermometer in eine unbegrenzte Menge Wasser von Null Grad getaucht wird, so fällt das Quecksilber ebenfalls auf Null: vielleicht nicht ganz vollständig, weil durch das wärmere Quecksilber, wie gross die Masse des Wassers oder des Eises auch sein möge, deren Temperatur um ein Unscheinbares erhöht wird. Dieses Steigen der Temperatur über Null wird um so geringer sein, je grösser die Menge des Wassers oder des Eises ist im Vergleich mit der Menge des Quecksilbers; und weil wir keinen mittleren Zustand zwischen dem Eise und dem Wasser kennen, so müsste durch die Berührung mit einem Thermometer von einer Temperatur über dem Gefrierpunkt, theoretisch aufgefasst, das ganze Eis flüssig werden, vorausgesetzt, dass man ihm die nöthige Zeit lässt, weil in der That jede Eismenge mit der Zeit ihre Temperatur durch die Berührung mit dem wärmeren Quecksilber steigern wird, und da durch jede Temperaturerhöhung über den Gefrierpunkt hinaus das Eis flüssig wird, so wird jedes Theilchen flüssig werden. Inzwischen, praktisch genommen, wird in beiden Fällen, beim Eise und beim Wasser, wenn die Mengen von beiden ungeheuer gross sind, das Thermometer auf Null fallen.

Jetzt stellen wir das nämliche Thermometer von $37^0,5$ nach einander in 31 Gramme Wasser von Null Grad und in

31 Gramme Eis von Null Grad; wir werden finden, dass es im ersteren Fall nur auf $12^0,20$ fällt, im zweiten aber auf Null; wenden wir auf diesen Fall die Lehre von der Repulsivkraft an und wir werden zu einer genügenden Erklärung kommen.

In dem ersteren Fall, weil hier die beiden Mengen, die des Eises und die des Wassers, in Bezug auf das Quecksilber von unbegrenzter Grösse sind, wird das letztere von einer jeden auf ihre eigene Temperatur gesetzt, nämlich auf Null: das Eis kann dem Quecksilber keine Temperatur unter Null geben, denn es würde von Neuem der Repulsivkraft des neugebildeten Wassers ausgesetzt sein, und dies neue Wasser würde wieder zu Eis werden: in dem zweiten Fall, wo die Mengen begrenzt sind, muss das Quecksilber mehr Repulsivkraft von dem Eise verlieren, als von dem Wasser, und die beim ersteren Falle gemachten Bemerkungen finden ihre Anwendung.

Die vorstehende Lehre findet eine schöne Bestätigung in dem Versuche von Thilorier, durch welchen Kohlensäure in einen festen Körper verwandelt wird. Man gestattet dem kohlensauren Gase, welches sich in einem sehr festen Gefässe unter einem sehr starken Druck befindet, aus einer kleinen Oeffnung auszuströmen; die plötzliche Ausdehnung macht eine so grosse Verstärkung der Kraft nöthig, dass, wenn man den Verlust, welchen die Ausdehnung des Gases verursacht, ersetzt, gewisse andere Theile des Gases sich so lange zusammenziehen, bis sie zu einem festen Stoffe werden; wir haben so eine Ausdehnung und eine entsprechende Verdichtung, die gleichzeitig oder an der nämlichen Substanz vorgehen, in einer zu kurzen Zeit, als dass das Ganze eine gleichförmige Temperatur annehmen könnte, oder mit anderen Worten eine gleichförmige Menge von Ausdehnung.

Man hat die Bemerkung gemacht, in Bezug auf die so betrachtete Wärme, dass es ebenso korrekt wäre zu sagen, die Wärme werde verschluckt oder die Kälte werde durch die Bewegung erzeugt, als zu sagen, die Wärme werde durch die Bewegung erzeugt. Diese Schwierigkeit verschwindet, wenn man sich gewöhnt hat, die Wärme und die Kälte als Wirkungen von Bewegung anzusehn, d. h. als wechselweise Ausdehnungen oder Zusammenziehungen, da denn das Eine und das

Andere klar als etwas Bezügliches (Relatives) erkannt wird, das nicht als etwas für sich Bestehendes (Absolutes) kann aufgefasst werden.

Als ich den Gegenstand der Wärme aufnahm, hab' ich den Leser gebeten, die Empfindungen, welche die Wärme in unserm Körper verursacht, ausser Betrachtung zu lassen. Ich habe dies gethan, weil die Empfindungen sehr geeignet sind, Irrthümer hinsichtlich der Wärme zu verursachen und bei manchen Personen verursacht haben. Die Empfindungen selbst sind durch ähnliche Ausdehnungen verursacht als von uns betrachtet sind; die Flüssigkeiten des Körpers werden durch die Wärme ausgedehnt, d. h. weniger zähe gemacht und in Folge ihrer leichteren Zirkulation erhalten wir die angenehme Empfindung der Wärme. Durch einen höheren Temperaturgrad, indem ihre Ausdehnung zu gross wird, entsteht eine Empfindung von Schmerz; treibt man die Temperatur auf's Extrem, so weit, dass eine Verbrennung entsteht, so werden die Flüssigkeiten des Körpers in Dampf verwandelt, und es entsteht daraus eine Verletzung oder eine Zerstörung des organischen Bau's. Eine ähnliche, wenngleich umgekehrte Wirkung zeigt sich durch eine sehr starke Kälte; die Berührung eines thierischen Körpers mit gefrornem Quecksilber bringt eine ähnliche Verbrennung hervor als die durch eine grosse Hitze, und begleitet von einer ähnlichen Empfindung.

Noch andere Thätigkeiten, ohne Zweifel, als die aufgezählten, vereinigen sich, um die Empfindungen der Kälte und der Wärme zu erzeugen; aber man wird, denk' ich, ohne Mühe sehen, dass diese Thätigkeiten den Beweisgründen Nichts schaden, welche die Natur der Wärme ausser Zweifel stellen. Die wesentlichen Wirkungen des Phänomens werden dieselben bleiben; die Wärme wird immer eine Ausdehnung sein, die Kälte eine Zusammenziehung; die Ausdehnung und die Zusammenziehung werden immer, wie in dem Falle mit den zwei Blasen mit Luft, Wechselwirkungen sein, d. h., dass wir keinen Körper A ausdehnen können, ohne irgend einen anderen Körper B zusammenzuziehen, oder A zusammenziehen ohne B auszudehnen, vorausgesetzt jedoch, dass wir die Körper nur auf die Wärme beziehen, und dass wir annehmen, keine andere Kraft trete in Wirksamkeit.

Ich habe gesagt, dass es nur wenige Ausnahmen gibt von diesem Gesetz, dass sich die Wärme immer durch eine Ausdehnung des Stoffs zu erkennen gibt. Nur eine Klasse dieser Ausnahmen ist in die Sinne fallend: der feuchte Thon, die thierischen und vegetabilischen Fasern und andere Stoffe von gemischter Natur, oder solche, die Stoffe von verschiedenem Charakter enthalten, von welchen die einen mehr, die anderen weniger flüchtig oder ausdehnbar sind, ziehen sich auf Anwendung der Wärme zusammen. Dies rührt daher, dass die flüchtigen Stoffe sich in Dampf oder Gasform zerstreuen; die Zwischenräume, zuerst mit den flüchtigern Stoffen angefüllt, werden leer, die minder flüchtigen Stoffe ziehen sich durch die ihnen eigne innere Kraft der Molekülaranziehung (Cohäsionskraft) zusammen und geben so auf den ersten Anblick den Schein einer Zusammenziehung, die durch die Wärme verursacht ist.

Die zweite Klasse von Ausnahmen, wenn gleich von viel beschränkterer Zahl, ist weniger leicht zu erklären. Das Wasser, das Wismuth und wahrscheinlich noch einige andere Substanzen (ungeachtet in Beziehung auf sie die Thatsache nicht festgestellt ist), dehnen sich aus, wenn sie nahe an dem Punkt sind zu erstarren, oder fest zu werden. Die wahrscheinlichste Erklärung dieser Ausnahmen ist, dass auf dem Punkte ihrer äussersten Dichtigkeit die Moleküle dieser Körper eine polare oder krystallinische Lagerung annehmen, dies will sagen, dass die Theilchen, indem sie sich dann in einer rechtwinkligen Stellung anordnen, Zwischenräume bilden, die eine Materie von geringerer Dichtigkeit enthalten, dergestalt, dass die spezifische Schwere der ganzen Masse vermindert ist.

Wir können bis in diese letzten Atome hinein die innerste Constitution der Materie nicht sondiren; aber abgesehen davon, dass thatsächlich die Körper, welche diese Eigenthümlichkeit zeigen, solche sind, die im festen Zustande die Charaktere einer sehr ausgeprägten Krystallisation zeigen, so gibt es Versuche, welche lehren, dass das Wasser inmitten des Punktes seiner grössten Dichtigkeit und des Punktes, wo es fest wird, das Licht zirkulär polarisirt: was beweist, wenn diese Versuche genau sind, dass das Wasser eine analoge Struktur angenommen hat als einige feste Krystalle, oder wie sie das Wasser selbst besitzt, wenn man es mit Gewalt zwingt durch Einwirkung des Magnetismus eine polarisirte Lagerung anzunehmen.

Die Genauheit dieser Resultate ist jedoch in Zweifel gezogen und die Versuche sind nicht geglückt, wenn sie von geübten Händen wiederholt sind. Wie verhält es sich denn damit? Kann meine Erklärung der Ausnahme von einem Gesetze, das sonst überall unwandelbar ist, der Ausdehnung durch die Wärme, für zulässig angesehen werden oder nicht? Diese Frage ist an alle gerichtet, die ein Recht haben, eine Meinung über diesen Gegenstand auszusprechen: sie mögen sich äussern. Unter allen Umständen wird die Schwierigkeit durch keine der Theorien, welche bisher über die Wärme aufgestellt sind, gelöst, und folglich kann man sie ebenso gut jeder andern Art, die Wärmeerscheinungen aufzufassen, entgegenstellen, wie man sie gegen die von mir aufgestellte geltend gemacht hat, welche die Wärme als eine mittheilbare Expansivkraft ansieht.

Wie gewisse Körper sich ausdehnen, indem sie gefrieren, und selbst, unter gewissen Umständen, noch ehe sie die Temperatur erreicht haben, bei welcher sie fest werden, so haben wir auch diese anscheinende Anomalie zu constatiren, dass die durch die Wärme erzeugte Kraft oder Bewegung oder der Temperaturwechsel in einer entgegengesetzten Richtung wirkt, wenn man zu dem Punkte des Uebergangs vom festen in den flüssigen Zustand kommt. So dehnt sich denn ein Stück Eis von — 18° Centes. durch die Wärme aus und verursacht bis zur Temperatur von Null eine mechanische Kraft; aber dann, wenn man fortfährt es zu erwärmen, zieht es sich zusammen, und wenn die erste Ausdehnung einen Stempel von unten nach oben getrieben hat, so wird die nachfolgende Zusammenziehung den Stempel bis zu einem gewissen Punkte rückwärts treiben oder sie wird ihn von oben nach unten bewegen. Ebenso mit Wasser von mehr als 4°, d. h. über dem Punkte der höchsten Dichtigkeit: eine fortschreitende Zunahme der Kälte, oder eine fortschreitende Abnahme der Wärme, wird zunächst eine Zusammenziehung bewirken, dann eine Ausdehnung oder eine mechanische Kraft in umgekehrter Richtung.

Ebenso, wenn Wasser, das in einen umgrenzten Raum eingeschlossen ist, allmälig kälter gemacht wird, muss durch die Ausdehnung, die sein Kaltwerden verursacht, wenn sie den Gefrierpunkt erreicht, im Innern seiner Theilchen ein gewisser Druck entstehen, der gegen die Ausdehnung durch die Erkältung kämpft oder der Tendenz zum Gerinnen widersteht; umgekehrt wird bei den Körpern, welche sich beim Gefrieren zusammenziehen, der Druck der durch das Kälterwerden erzeugten Kraft zu Hilfe kommen, und alle beide werden streben die Moleküle zu nähern. Wir finden daher, dass es einer geringern Temperatur bedarf, um Wasser zum Gefrieren zu bringen, wenn es einem gewissen Druck ausgesetzt ist, als wenn es frei bleibt, oder dass bei den Körpern welche sich beim Erkalten ausdehnen, der Gefrierpunkt um so niedriger ist, je grösser der Druck ist, dem sie ausgesetzt sind; vorausgesehen zuerst von Herrn J. Thomson, ist diese Thatsache durch das Experiment bestätigt von Herrn W. Thomson; im Gegentheil, wie Herr Bunsen gezeigt hat, findet die umgekehrte Wirkung statt bei den Körpern, die sich beim Gefrieren zusammenziehen: diese werden fest bei einer um so höhern Temperatur je grösserem Druck sie ausgesetzt sind, dergestalt, dass ein Körper von dieser Klasse, welcher beim gewöhnlichen Atmosphärendruck von einem Temperaturgrad knapp über seinem Gefrierpunkt flüssig ist, in den festen Zustand übergehen muss, wenn man ihn bloss dem Einflusse eines Druckes aussetzt, während die Temperatur die nämliche bleibt.

Mit Ausnahme der Erscheinungen, welche die beim Erstarren sich ausdehnenden Körper darbieten, und die eine Schwierigkeit für alle bis jetzt aufgestellten Theorien sind, können die allgemeinen Erscheinungen der Wärme, wie ich glaube, vom rein dynamischen Gesichtspunkte erklärt werden, und auf eine genügendere Weise, als wenn man zu der Hypothese einer latenten Materie seine Zuflucht nimmt. Inzwischen sind mehrere Wärmeerscheinungen in viel Räthselhaftes verhüllt, vornehmlich diejenigen, welche sich auf die spezifische Wärme beziehen, oder auf die Wärmemenge, welche gleiche Gewichtstheile von verschiedenen Körpern erfordern um von einer gegebenen Temperatur zu einer anderen gegebenen Temperatur überzugehen, Verhältnisse, welche auf eine bis jetzt unerklärliche Weise von der molekülären Constitution der Körper abzuhängen scheinen.

Die von mir angenommene Wärmetheorie, welche darin besteht, dass man einfach die Wärme als eine mittheilbare, moleküläre Repulsivkraft ansieht, wird durch mehrere der Erscheinungen bestätigt, denen man den Namen spezifischer oder relativer Wärme gibt, durch die Thatsache, z. B. dass wenn die Temperatur der Körper zunimmt, ihre spezifische Wärme ebenfalls steigt. Das Verhältniss, in welchem die spezifische Wärme wächst, ist grösser bei den festen, als bei den flüssigen Körpern, ungeachtet die letzteren leichter ausdehnbar sind, und diese Thatsache hängt wahrscheinlich von einem Anfange der Schmelzung ab. Im Uebrigen nehmen die Metalle, die sich bei der Erwärmung in sehr raschem Verhältniss ausdehnen, auch an spezifischer Wärme mehr zu und ihre spezifische Wärme nimmt ab durch die Perkussion welche, indem sie ihre Theilchen nähert, sie spezifisch dichter macht. Indessen, wenn wir Substanzen von sehr verschiedenen physischen Characteren untersuchen, so finden wir dass ihre spezifische Wärme keine Beziehung zu ihrer Dichtigkeit hat, oder zu den Verhältnissen ihrer Ausdehnung durch die Wärme; die Unterschiede ihrer spezifischen Wärme müssen von ihrer innern molekülären Constitution abhängen, auf eine Weise, die meines Wissens bis jetzt durch keine Wärmetheorie erklärt ist.

Bei der Mehrzahl aller festen und flüssigen Körper, wahrscheinlich bei allen, ist die Ausdehnung durch die Wärme beziehungsweise grösser, wenn die Temperatur erhöht wird; dies will sagen, wenn man die Idee der Ausdehnung und der Zusammenziehung festhält, dass von zwei gleichen Theilen derselben Substanz, welche sich bei ungleichen Temperaturen neben einander befinden, der wärmere Theil sich ein wenig mehr zusammenziehen wird, als der kältere sich ausdehnt; aus dieser Thatsache, dass der Ausdehnungscoefficient eines gegebenen Körpers mit der Temperatur zunimmt, und noch aus anderen Rücksichten, hat der Doktor Woods, scheinbar mit grossem Recht, geschlossen, dass je näher die Theilchen der Körper einander sind, um so weniger sie nöthig haben,

verschoben zu werden, um eine Ausdehnung oder Zusammenziehung in den Theilchen eines andern Körpers zu bewirken.
Diese Art zu urtheilen, wenn ich sie recht verstanden habe,
kann in Kürze so gefasst werden:

Da die Körper durch die Kälte sich zusammenziehen, so
ist klar, dass bei einem gegebenen Körper, je niedriger seine
Temperatur ist, desto näher seine Theile einander sind; und
da der Ausdehnungscoëfficient mit der Temperatur zunimmt,
so verlangen die Theilchen, je niedriger die Temperatur der
Substanz ist, um so weniger sich zu bewegen, sich zu nähern, oder sich von einander zu entfernen, dergestalt, dass
dadurch eine Ausgleichung der Entfernung oder der Annäherung der Theilchen in einem andern wärmeren Theile der
nämlichen Substanz entsteht, d. h. in einem andern Theile
der nämlichen Substanz, deren Theilchen weiter von einander
abstehen. Da somit die Grösse der Annäherung oder der
Entfernung der Theilchen eines Körpers, mit anderen Worten
seine Volumveränderung durch einen gegebenen Wärmewech-
sel, bei einer gegebenen Substanz ein Index der relativen
Nähe ihrer Theilchen sind, kann es dann nicht ebenso mit
allen Körpern sein? Diese Frage ist vom Herrn Dr. Woods
sehr geistreich gestellt; aber sein Raisonnement beruht auf
gewissen Hypothesen bezüglich des Durchmessers und der
Abstände der Atome, die von denjenigen, welche seinen Schlussfolgerungen beistimmen, als Postulate müssen angenommen
werden. Der Dr. Woods sucht durch seine Theorie die
durch die chemischen Verbindungen entstehende Wärme zu
erklären, ich werde versuchen, einen Abriss seiner Schlussfolgerungen zu geben, wenn ich zu diesem Theile des hier
behandelten Gegenstandes kommen werde.

Ungeachtet die verglichenen Thatsachen der spezifischen
Wärme durch keine bekannte Theorie genügend erklärt werden können, so ist nichts destoweniger die absolute Wirkung
der Wärme auf eine einzelne Substanz eine Ausdehnung;
aber wenn Körper, die durch ihre physischen Charaktere
verschieden sind, dem Versuche unterworfen werden, so
wechselt das Verhältniss der Ausdehnung, wenn man sie
durch die entsprechenden Zusammenziehungen misst, welche
an den Substanzen hervortreten, wodurch diese Ausdehnung

bewirkt wird. Ungeachtet ich gezwungen bin, um mich verständlich zu machen, von der Wärme, wie von einem Ding an sich zu reden, von ihrer Fortleitung, von ihren Strahlen etc. so sind diese Ausdrücke doch unvereinbar mit der dynamischen Theorie, welche die Wärme für eine Bewegung hält, für nichts Anderes: die Fortleitung ist einfach eine fortschreitende Ausdehnung, oder eine Bewegung der Moleküle in der leitenden Substanz; die Strahlung ist eine Undulation, eine Bewegung der Moleküle in dem Mittel, durch welches hindurch die Wärme, wie man sagt, übertragen wird, etc.; und dies ist ein starker Beweisgrund zu Gunsten dieser Theorie, dass für jede Verschiedenheit in den physischen Charakteren der Körper, und für jede Veränderung in der Struktur oder in der Anordnung der Theilchen desselben Körpers, man einen Wechsel der Wärmeerscheinungen eintreten sieht. So leitet das Gold die Wärme, oder überträgt die Bewegung, welche man Wärme nennt, leichter als das Kupfer, das Kupfer leichter als das Eisen, das Eisen leichter als das Blei, und das Blei leichter als das Porzellan.

Ebenso haben wir, wenn die Struktur einer Substanz nicht homogen ist, in der Leitungsfähigkeit eine von der Struktur abhängende Verschiedenheit. Diese Thatsache ist auf eine sehr hübsche Weise bewiesen durch die Körper, deren Struktur symmetrisch angeordnet ist, wie die Krystalle. Herr von Sénarmont hat gezeigt, dass die Krystalle die Wärme verschieden leiten nach Massgabe der Axe ihrer Symmetrie, aber in feststehendem Verhältniss für jede bestimmte Richtung. Seine Art zu experimentiren ist folgende: Eine Krystallplatte wird in einer bestimmten Richtung zerschnitten, parallel ihrer Axe für gewisse Versuche, senkrecht der Axe für andere; ein Platinröhrchen durchbohrt regelrecht die Platte in ihrem Mittelpunkt; es ist an seinem Ende umgebogen, so dass man es an der Lampe erwärmen kann, ohne dass die Wärme, welche von der Lampe ausgestrahlt wird, die Krystallplatte berühren kann; die Oberflächen oder die Grundflächen sind mit Wachs überzogen. Wenn das Platinröhrchen erwärmt wird, so gibt sich die Richtung, nach welcher die Wärme im Krystall geleitet wird, durch das Schmelzen des Wachses zu erkennen; und eine krumme Linie bezeichnet die Grenze zwischen dem festen und dem flüssigen Wachs. Diese krumme Linie ist für die homogenen Körper, wie Glas und Zink, ein Kreis; sie ist auch ein Kreis für den Kalkspat, der senkrecht zu seiner symmetrischen Axe gespalten ist; aber auf Platten, die parallel zur symmetrischen Axe geschnitten sind, und deren Ebene senkrecht ist zu einer der Oberflächen des ursprünglichen Rhomboëders, sind die krummen Linien gut gezeichnete Ellipsen, die ihre grosse Axe in der Richtung der symmetrischen Axe haben, was beweist, dass diese Axe eine Richtung grösserer Leitungsfähigkeit ist. Aus Versuchen dieser Art hat man den Schluss gezogen, dass in den Stoffen, welche konstituirt sind wie die Krystalle des rhomboëdrischen Systems, das Leitungsvermögen auf die Art wechselt, dass, vorausgesetzt es wäre im Innern dieser Mittel, welche man sich nach allen Richtungen unendlich ausgedehnt denkt, eine beständige Wärmequelle vorhanden, die Flächen von gleicher Wärme konzentrische Ellipsoide sein würden, die rings um die symmetrische Axe gehn, Flächen zum Mindesten, die vom Ellipsoid sehr wenig verschieden sind.

Herr Knoblauch hinwieder hat gezeigt, dass die strahlende Wärme absorbirbar ist in verschiedenem Grade, je nachdem die Richtung der Strahlen parallel oder senkrecht zu der Krystallaxe ist.

Wenn wir eine Substanz wählen von einer in sich verschiedenen Struktur, aber im Ganzen begrenzt, wie das Holz, so finden wir, dass die Wärme sich durch das Holz langsamer oder schneller fortpflanzt im Verhältniss der Richtung seiner Fasern; so haben Herr de Candolle und de la Rive gefunden, dass die Leitungsfähigkeit vollkommener ist in paralleler Richtung zu den Fibern als in einer zu ihnen senkrechten Richtung. Ausserdem hat Herr Dr. Tyndall gezeigt, dass die Leitungsfähigkeit grösser ist in einer zu den Fibern und zu den Holzschichten zugleich senkrechten Richtung, als in einer zu den Fibern senkrechten, aber zu den Schichten parallelen Richtung; ungeachtet in diesen beiden Richtungen die Leitung geringer ist, als wenn der Strahl der Richtung der Fibern folgt. So hat man in den drei hauptsächlichsten senkrechten Richtungen, welche in der Substanz des Holzes wahrzunehmen sind, drei verschiedene Grade für die Fortleitung der Wärme.

In den obigen Beispielen sehen wir, was wir weiterhin bezüglich aller sogenannten Imponderabilien feststellen werden, dass die Erscheinungen abhängig sind von der eigenthümlichen molekülären Struktur der Materie; und wenngleich diese Thatsache nicht in unbedingtem Widerspruch ist mit dem System, welches aus diesen Agentien Flüssigkeiten oder Dinge für sich macht, so wird man doch, hoff' ich, gestehen, dass sie in viel besserm Einklang mit der Theorie ist, welche daraus Arten der Bewegung macht. Die Wärme, welche wir bisher betrachtet haben, kann nicht isolirt werden, wir können keiner Substanz die Wärme nehmen, und sie doch im warmen Zustande bewahren; wir können sie bloss auf eine andere Substanz übertragen, sei es in Form der Wärme, oder in Form einer anderen Kraft. Wir kennen nur gewisse Aenderungen der Materie, welche mit dem allgemeinen Namen der Wärme bezeichnet werden; das „Ding" Wärme ist etwas Unbekanntes. Sobald bewiesen ist, dass die Wärme eine Kraft ist, die Bewegung hervorbringen kann, und dass die Bewegung alle anderen Arten der Kraft verursachen kann, so folgt daraus mit Nothwendigkeit, dass die Wärme auch im Stande ist, mittelbar alle Kraftarten hervorzubringen: ich darf mich folgeweise darauf beschränken, zu untersuchen, bis zu welchem Punkte die Wärme unmittelbar die anderen Kräfte zu erzeugen vermag. Sie erzeugt unmittelbar die Elektrizität, wie die schönen Versuche von Seebeck gezeigt haben; ich habe deren schon einen zitirt; er beweist, dass, wenn ungleiche Metalle in Berührung gebracht oder zusammengelöthet sind, und man die Berührungsstelle oder die Stelle der Löthung erwärmt, ein elektrischer Strom durch die Metalle kreist, und dies in einer bestimmten Richtung, die von der Natur der angewendeten Metalle abhängt; dieser Strom dauert so lange fort, als eine Zunahme der Temperatur stufenweise die Metalle ergreift, er hört auf, wenn die Temperatur feststeht, und geht in entgegengesetzter Richtung, wenn die Temperatur abnimmt.

Eine andere Klasse von Erscheinungen, welche man im Allgemeinen den Wirkungen der strahlenden Wärme zugeschrieben hat und welcher man, in diesem Glauben, die Benennung „Thermographie" gegeben, kann ihrerseits ebenfalls

elektrische Erscheinungen zeigen, aber in diesem Falle franklinsche oder statische Elektrizität, wogegen die Versuche von
Seebeck voltasche oder dynamische Elektrizitätswirkungen
erzeugen.

Wenn polirte Scheiben von ungleichen Metallen, Zink
und Kupfer z. B. nachdem man sie einander gegenüber und
sehr nahe gebracht hat, eine Zeit lang in dieser Stellung gelassen sind, und wenn eine dieser Scheiben auf ihrer Oberfläche
Unregelmässigkeiten zeigt, so zeigt sich ein Schattenriss oder
eine oberflächliche Spur dieser Unregelmässigkeiten auf der
anderen Scheibe, und ebenso wechselweise. Man hat mehrere
Theorien entworfen, um diese Erscheinung zu erklären; ob
sie nun aber der Wärmestrahlung zuzuschreiben sein mag,
oder nicht, so haben die relative Temperatur der Scheiben,
ihre spezifische Wärmeempfänglichkeit (Wärmecapacität), ihr
Leitungsvermögen und ihr gegenseitiges Verhältniss der Strahlung einen unbestreitbaren Einfluss.

Wenn dann diese beiden Scheiben, die sich fast berühren,
mit den Platten eines sehr empfindlichen Elektroskops in Verbindung gesetzt und darauf plötzlich getrennt werden, so zeigt
das Elektroskop Elektrizität an, als Beweis, dass die wechselweise Strahlung einer Oberfläche zur anderen eine elektrische Kraft erzeugt. Ich zitire diesen Versuch, indem ich
die Wärme als ursprüngliche Kraft behandle, weil die Wahrscheinlichkeit in der That dafür spricht, dass diese Erscheinung durch die Wärmestrahlung hervorgerufen wird. Die
Ursache dieser sogenannten thermographischen Erscheinungen
ist jedoch eine noch dem Zweifel unterworfene Frage, welche
durch neue Versuche erst aufgeklärt werden muss. Als ich
zuerst den Versuch bekannt machte, welcher beweist, dass
die blosse Annäherung metallischer Scheiben elektrische Wirkungen hervorruft, bemerkte ich, dass ich die Thatsache einer
oberflächlichen Veränderung auf der Fläche von Metallen, die
sich nahe sind, noch mehr, wenn sie sich berühren, für geeignet hielte, die zuerst von Volta durch den Versuch gezeigte
Elektrizitätsentwickelung durch Berührung zu erklären, ohne
dass man nöthig hat, seine Zuflucht zu der Contakttheorie zu
nehmen, d. h. zu einer Theorie, welche annimmt, dass eine
Kraft durch die blosse Berührung ungleicher Metalle entste-

4*

hen könne ohne irgend eine moleküläre oder chemische Veränderung. Herr Gassiot hat meine Versuche mit feineren
Apparaten und mit noch grösserer Behutsamkeit wiederholt,
und ohne zu behaupten, dass die strahlende Wärme in diesem
Falle die anfängliche Kraft ist, bleiben wir überzeugt, dass
hier, weil sich eine oberflächliche Veränderung stark einander
genäherter Körper zeigt, gewisse Veränderungen in den Molekülen stattfinden; dass ihre Annäherung eine gewisse Kraft
in Thätigkeit gesetzt hat, welche durch ihre Entladung oder
besser durch ihre Uebertragung die eintretende Veränderung
der Materie hervorruft; dies ist also keine Kraft ohne moleküläre Veränderung, wie die Contakttheorie es voraussetzt.
Diese Kraft, in diesem Falle wie in jedem anderen, wird nicht
erzeugt, sondern durch die gegenseitige Einwirkung von Stoffen auf einander entwickelt; sie wird ebenso wenig vernichtet,
weil durch diesen Versuch bewiesen wird, dass sie sich bei
ihrer Entladung in eine andere Kraft verwandelt.

Zu sagen, dass die Wärme Licht erzeugt, ist die Huldi-
gung einer scheinbar von der ganzen Welt angenommenen
Thatsache; man hat jedoch einigen Grund zu zweifeln, dass
dieser Ausdruck „das Licht hervorbringen" in dieser besondern Anwendung richtig sei; die Beziehung zwischen der
Wärme und dem Licht ist gleichartig mit dem Wechselverhältniss dieser beiden Thätigkeiten und der anderen Erregungen der Materie. Die Wärme und das Licht scheinen vielmehr Umwandlungen der nämlichen Kraft zu sein, keine verschiedenen Kräfte, die wechselweise von einander abhängen.
Die Arten der Thätigkeit sind bei der strahlenden Wärme
und beim Licht so ähnlich, sie sind so schön denselben Gesetzen der Reflexion, der Refraktion, der doppelten Refraktion,
der Polarisation unterworfen, dass ihre Verschiedenheit mehr
in der Art zu liegen scheint, wie sie auf unsere Sinne wirken, als in der geistigen Vorstellung, die wir uns davon bilden können.

Die Versuche von Melloni, der hauptsächlich beigetragen
hat, diese tiefe Gleichartigkeit der Wärme und des Lichtes
zu zeigen, gewähren ein schönes Beispiel der Hilfe, welche
die Fortschritte der einen Branche der Physik denjenigen der
anderen Branchen leisten können. Die Entdeckungen von

Oerstedt und von Seebeck haben zu der Konstruktion eines Messwerkzeuges für die Temperaturen geführt, unvergleichlich feiner als alle früher bekannten Werkzeuge. Um es von dem gewöhnlichen Thermometer zu unterscheiden, hat man es Wärmevervielfältiger (Thermomultiplikator) genannt. Es besteht aus einer Reihe kleiner Stangen Wismut und Antimon, die eine Kette im Zickzack von stufenweisen einander parallelen Paaren bilden, und deren Ganzes die Form eines Zylinders oder Prismas hat, indem die Vereinigungs- oder Löthstellen aller Paare auf der Basis des Zylinders oder Prismas sichtbar sind; die beiden Enden dieser Reihe sind an einen Galvanometer befestigt, d. h. an eine abgeplattete Spuhle von Draht, die frei aufgehangen, eine Magnetnadel umgibt, deren Richtung parallel ist mit den Umgängen des Drahtes auf der Spuhle. Wenn die strahlende Wärme auf die gelötheten Enden des Multiplikators fällt, so wird ein Strom von Wärmeelektrizität in jedem Stäbepaar des Instrumentes erzeugt; und indem alle einzelnen Ströme in der nämlichen Richtung zu zirkuliren streben, so wird die Kraft des Ganzen gesteigert durch das Zusammenwirken aller Theilkräfte; indem dieser Strom die Schraubenlinie des Galvanometers durchläuft, bringt er die Nadel des Galvanometers nach Art der schräge wirkenden elektromagnetischen Kraft zum Abweichen, und der Grad der Abweichung dient als Maass der Temperatur.

Die mit diesem Werkzeug untersuchten Körper zeigen einen sehr merklichen Unterschied zwischen ihrer Durchgängigkeit für die Wärme (Diathermanie) und ihrer optischen Durchscheinenheit (Transparenz); so lässt der Alaun, ungeachtet er sehr durchsichtig ist, weniger Wärme hindurch, als der Quarz, wenn er bis zur Undurchsichtigkeit gefärbt ist; Melloni hat gefunden, dass der Alaun, verbunden mit grün gefärbtem Glase, im Stande ist, einen hellen Lichtstrahl durchzulassen, während er mit dem allerfeinsten Thermoskop keine Spur hindurchgelassener Wärme hat entdecken können; andererseits kann das Steinsalz, der diathermanste aller bekannten Körper, mit Kienruss überzogen werden, dergestalt, dass es ganz undurchsichtig ist, ohne die Fähigkeit zu verlieren, eine beträchtliche Menge Wärme durchzulassen. Die strahlende Wärme, wenn sie durch ein Prisma von Steinsalz gelassen wir, hat sich als ungleich brechbar oder zerstreubar gezeigt, wie dies beim Lichte der Fall ist, und der Wärmestrahl, auf diese Weise zerstreut, dass er das bildet, was man durch Analogie Wärmespektrum genannt hat, hat sich ausgestattet gezeigt mit ähnlichen Eigenschaften als diejenigen des ursprünglichen oder gefärbten Strahles des Lichtspektrums. So ist das Steinsalz für die Wärme Dasjenige, was das ungefärbte Glas für das Licht ist, es lässt die Wärme in allen Abstufungen der Brechbarkeit durch; der Alaun ist für die Wärme Das, was das rothe Glas für das Licht ist, es lässt die weniger brechbaren Strahlen durch und hält die mehr brechbaren Strahlen an; das mit Kienruss gefärbte Steinsalz vertritt ein blaues Glas, es lässt die mehr brechbaren Strahlen durch und hält die weniger brechbaren an.

Im Uebrigen brechen gewisse Körper die Wärme in verschiedenen Graden der Brechbarkeit; so das Papier, der Schnee, der Kalk, wenn gleich weiss, d. h. das Licht in allen Graden der Brechbarkeit brechend, lassen die Wärme nur bei gewissen Graden der Brechbarkeit durch, während die Metalle, welche gefärbte Körper sind, d. h. solche, die das Licht nur bei gewissen Graden der Brechbarkeit hindurchlassen, die Wärme bei allen Graden der Brechbarkeit zerstreuen. Die strahlende Wärme, welche auf Substanzen fällt, die das Licht doppelt brechen, wird ebenfalls doppelt gebrochen, und die austretenden Strahlen sind in rechtwinklich zu einander gestellten Flächen polarisirt, gerade wie beim Licht. Die Erscheinungen des Lichts werden also genau von denjenigen der strahlenden Wärme nachgeahmt, und die nämliche Theorie von welcher man glaubt, dass sie am Glaubwürdigsten die einen dieser Phänomene erklärt, findet nothwendig ihre Anwendung auch auf die anderen.

In gewissen Fällen scheint die Wärme theilweise in Licht verwandelt zu werden, wenn man den Stoff wechselt, auf den die Wärme wirkt; so kann ein Gas bis zu einer sehr hohen Temperatur erhitzt werden ohne Licht hervorzubringen oder indem es dies nur in einem sehr geringen Grade thut; aber die Einführung eines festen Stoffes, des Platins z. B., in die Mitte des stark erhitzten Gases, gibt unmittelbar Licht.

Wird die Wärme wirklich in Licht verwandelt, oder wird

sie blos konzentrirt und mit grösserer Intensität versehen durch die feste Materie, so dass sie hierdurch sichtbar wird? Diese Frage gestattet dem Zweifel Raum. Die Thatsache, dass ein fester Stoff das Wasser zersetzt, wenn er durch einen Gasstrom aus einem Gemisch von Sauerstoff und Wasserstoff in brennenden Zustand versetzt ist, wie wir es alsbald feststellen werden, scheint anzudeuten dass die Wärme intensiver gemacht wird durch ihre Condensation mittelst eines festen Stoffs; das Wasser wird in diesem Fall durch einen erhitzten Körper zersetzt, welcher Körper selbst erst erhitzt ist durch die Verbindung der Elemente, welche das Wasser bilden. Inzwischen ist die augenscheinliche Wirkung bei der Einführung eines festen unverbrennlichen Körpers in erhitztes Gas eine Umwandlung der Wärme in Licht.

Es gibt eine andere Methode, durch welche die Wärme wahrscheinlich dazu gebracht werden kann, Lichterscheinungen hervorzubringen; aber ich weiss nicht gewiss, ob der Versuch jemals gemacht ist.

Wenn wir im Brennpunkte einer breiten Linse ein dunkles und schwaches Licht konzentriren, so steigern wir seine Intensität. Nehmen wir dann einen erwärmten Körper, welcher bei unbewaffnetem Auge grade aufgehört hat, sichtbar zu sein, so scheint wahrscheinlich, dass das Licht im Brennpunkte zurückkehrt, wenn man die verschiedenen unsichtbar gewordenen Strahlen durch eine Linse wieder vereinigt und kondensirt. Der Versuch, wie alle wissen werden, die mit der Optik vertraut sind, ist schwierig, und um beweiskräftig zu sein, müsst' er im grossen Massstabe mit einer vollkommenen Linse von breitem Durchmesser und kurzem Fokus gemacht werden. Ich habe ein annäherndes Resultat auf folgende Weise erhalten: in einer dunklen Kammer war ein Platindraht durch eine beständige voltasche Säule bis auf den Punkt sichtbarer Verbrennung gebracht; ich beschaute ihn dann aus einer kurzen Entfernung mit einem Opernglas von weiter Oeffnung, vor ein Auge gebracht, während das andere Auge offen blieb. Der Draht war vollkommen sichtbar für das bewaffnete Auge, während er zu derselben Zeit ganz unsichtbar war für das andere Auge. Man könnte mit einigem Grunde sagen, dass ähnliche Versuche Nichts mehr beweisen als die schon bekannte Thatsache, dass durch Steigerung der Wärmeintensität Licht erzeugt wird; es scheint mir nichtsdestoweniger, dass sie diese Wirkung in einer schlagendern Form und bequemer zeigen, um das Verhältniss der Wärme zum Licht klar zu stellen.

Was die chemische Verwandtschaft und den Magnetismus angeht, so ist vielleicht die einzige Methode, durch welche im eigentlichen Sinne des Wortes gesagt werden kann, dass die Wärme jene hervorbringt, diejenige durch die Vermittlung der Elektrizität, weil ein Strom von Wärmeelektrizität, welche entsteht, wie wir es schon beschrieben haben, indem man ungleiche Metalle erhitzt, im Stande ist, einen Magnet abzulenken, das Eisen zu magnetisiren, die anderen magnetischen Erscheinungen zu erzeugen, auch die Entstehung und die Auflösung der chemischen Verbindungen anzuregen, und das im Verhältniss der Stärke und der wachsenden Zunahme der Wärme: bis jetzt jedoch ist es nicht gelungen, ein Zahlenverhältniss zu entdecken zwischen der ausgegebenen Wärmemenge und der Stärke jener anderen Kräfte, welche die Wärme erzeugt hat, ohne Zweifel, weil die Wärme nur in sehr kleinem Verhältniss verbraucht oder in Elektrizität umgewandelt wird, indem die grössere Menge zerstreut wird und verloren geht als Wärme, ohne verändert zu werden.

Inzwischen hat die Wärme direkte verändernde Wirkung sowol auf die magnetisirten Körper, als auf die chemischen Verbindungen; die Vereinigung gewisser chemischer Substanzen wird durch die Wärme angeregt, wie z. B. bei der Bildung des Wassers aus Wasserstoffgas und Sauerstoffgas; in andern Fällen wird diese Verbindung durch die Wärme leichter gemacht; zuweilen im Gegentheil, wie beim Ammoniak und seinen Salzen, wird die Vereinigung schwerer gemacht oder verhindert. In mehreren der Fälle, welche wir aufgezählt haben, scheint jedoch die Wärme mehr eine anstossgebende als eine bewirkende Kraft zu sein; aber um auch diese Art Einfluss auszuüben, muss sie eine unmittelbare Beziehung zu der Kraft haben, deren Gegenwirkung sie veranlasst; so, wenn gleich das von einem brennenden Draht berührte Schiesspulver nachträglich dessen eigene Verbrennung oder seine chemische Verbindung ausübt, unabhängig von der ursprünglichen Wärme-

quelle, müssen gleichwol die chemischen Verwandtschaften
des ersten berührten Theiles von der Wärme des Drahtes und
auf deren Unkosten erregt worden sein; denn, selbst um ein
unstabiles Gleichgewicht zu stören, bedarf es einer Kraft, die
in direkter Beziehung steht mit denjenigen, welche das Gleichgewicht unterhalten.

Seit die erste Ausgabe dieser Abhandlung erschienen ist,
habe ich der Königl. Gesellschaft von London Versuche mitgetheilt, welche eine wichtige Ausnahme von der allgemeinen
Wirkung der Wärme auf die chemische Verwandtschaft verschwinden machen, und deren Resultate zu der Hoffnung be-
rechtigen, man werde endlich dahin gelangen, eine allgemeine
Beziehung zwischen der Wärme, der chemischen Verwandtschaft und der physikalischen Anziehung aufzustellen. Ich
habe gefunden, wenn eine Substanz, die eine starke Wärme
ertragen kann, die aber vom Wasser und von seinen Elementen nicht angegriffen wird, das Platin oder das Iridium
z. B. auf einen hohen Grad der Erhitzung gebracht wird,
und dann in Wasser getaucht, dass dann aus dem Wasser
anhaltende Gasblasen aufsteigen, welche, nach der Untersuchung, ein Gemisch von Sauerstoff und Wasserstoff in demjenigen Verhältniss enthalten, in welchem sie Wasser bilden.
Die Temperatur, bei welcher diese Wirkung eintritt, ist nach
Dr. Robinson, der seitdem ein geschätztes Memoire über den
Gegenstand geschrieben hat, ungefähr 1307 Grad. Wenn
aber ein Gemisch von Sauerstoff und Wasserstoff einer Temperatur von 430 Grad ausgesetzt wird, so vereinigen sich die
Gase und bilden Wasser; die Wärme scheint also je nach
ihrer Intensität stärker auf diese Elemente zu wirken, indem
sie in dem einen Fall ihre Verbindung, in dem andern ihre
Trennung verursacht. Man hat noch kein Mittel gefunden,
diese scheinbaren Regelwidrigkeiten auszugleichen; Alles was
ich voraussetzen kann, um mich, so viel wie möglich, einer Theorie
zu nähern, ist, dass die constituirenden Moleküle des Wassers unter einer gewissen Temperatur sich in einem Zustande
stabilen Gleichgewichts befinden; dass die Moleküle eines
Gemisches von Sauerstoff und Wasserstoff ebenfalls über eine
gewisse Temperatur hinaus, in einem Zustande stabilen Gleichgewichtes sind, aber eines Gleichgewichtes von entgegenge-

setztem Charakter, in dem Sinne, dass unter dieser letztern Temperatur die Moleküle des Gasgemenges sich in einem ähnlichen Zustande nicht stabilen Gleichgewichts befinden, als derjenige explodirender Stoffe oder ähnlicher Körper, bei welchen die kleinste Störung das zarte Gleichgewicht der Kräfte aufhebt.

Wenn wir z. B. annehmen, dass vier Moleküle, A, B, C, D, sich im Gleichgewicht befinden, einem Gleichgewicht zwischen anziehenden und abstossendenden Kräften, so kann die Einwirkung einer Repulsivkraft zwischen B und C, ob sie gleich B und C trennen kann, B an A und C an D annähern und diese Moleküle beziehungsweise in die Wirkungssphäre der Anziehungskräfte bringen; oder auch, vorausgesetzt, dass die abstossende Kraft im Centrum einer unbegrenzten Sphäre der Theilchen wirkt, so können alle diese Theilchen, mit Ausnahme desjenigen, auf welches die Kraft unmittelbar wirkt, sich einander genähert haben; und unter dem Einfluss der Anziehung in den Zustand stabilen Gleichgewichts gekommen, können sie darin beharren, weil die abstossende Kraft, getheilt durch die Masse oder vertheilt über die ganze Masse nicht im Stande ist, es zu trüben.

Wenn aber die abstossende Kraft an Grösse zunimmt und eine ausreichende Stärke erreicht, dann kann die anziehende Kraft aller Moleküle überwunden werden und die Zerlegung kann stattfinden. So können das Wasser und der Dampf unterhalb einer gewissen Temperatur und das Gasgemenge über einer gewissen Temperatur in einem Zustande stabilen Gleichgewichtes angenommen werden, während unter dieser begrenzten Temperatur das Gleichgewicht des Gemenges von Sauerstoff und Wasserstoff nicht stabil ist.

Dies ist nur, ich muss es gestehen, eine rohe Art, die Phänomene zu erklären, und diese Erklärung erfordert die Annahme, dass die Theilchen eines Gases eine Anziehung auf einander ausüben, wie es die Theilchen eines festen Körpers thun, wenn gleich in einem verschiedenen Grade und vielleicht eine Anziehung von verschiedener Art. Mag es so sein oder nicht; man kann nicht zweifeln, dass alle Beide, Gas und fester Körper, sich ausdehnen und sich zusammenziehen in gradem Verhältniss zu der umgekehrten Ausdehnung der andern benachbarten Körper, dass sie sich so einander gleichen, in ihrer Beziehung zur Wärme und zur Kälte.

Der Steigerungsgrad, welchen diese Ausdehnung und diese Zusammenziehung erreichen können, scheint ausschliesslich begrenzt zu sein durch die wechselseitigen Zustände der anderen Körper; diese ihrerseits durch andere Körper und so weiter fort, soviel wir es beurtheilen können, durch das ganze Weltall.

Nehmen wir die Erklärung an, welche ich eben von der Zersetzung des Wassers durch die Wärme gegeben habe, so wird die Wärme zu der chemischen Verwandtschaft die nämlichen Beziehungen haben, welche sie zu der physikalischen Anziehung hat, ihre unmittelbare Tendenz ist allen beiden das Widerspiel zu halten; und es geschieht blos durch eine Thätigkeit zweiter Ordnung, dass die chemische Verwandtschaft scheinbar durch die Wärme unterstützt wird. Diese Art, die Sache anzusehen, wird erklären, wie die Wärme die Veränderungen des Gleichgewichts in der chemischen Anziehung im Innern der gemischten zusammengesetzten Körper auslösen kann, indem sie die elementaren Bestandtheile trennt, deren Verwandtschaft grösser ist, wenn sie in deren Anziehungssphäre gebracht sind, für die Substanzen, mit welchen sie gemischt sind, als für die Körper, mit welchen sie ursprünglich verbunden waren; so veranlasst eine starke Wärme auf ein Gemisch von Chlor und von Wasserdampf angewendet, die Entstehung der Salzsäure und setzt den Sauerstoff in Freiheit.

Geleitet von dieser Anschauungsweise wird man auf den Gedanken geführt, dass eine ausreichend starke Wärme mit unendlicher Macht könne ausgestattet sein, die Körper zu zerlegen, und es wird einigermassen wahrscheinlich, dass die Körper, welche wir jetzt für einfach halten, durch eine ausreichend grosse Wärme können zersetzt und aufgelöst werden: im umgekehrten Sinne urtheilend, kann man mit Grund voraussehen, dass Körper, die sich jetzt bei Temperaturen, wie wir sie erzeugen können, nicht verbinden, eine Vereinigung eingehen können, wenn man sie auf niedrigere Temperaturen setzt; dass man auf diese Weise neue Zusammensetzungen gewinnen wird wenn man die Elemente, welche sie bilden sollen, unter günstige Bedingungen bringt. indem man sie auf ausserordentlich niedrige Temperaturen setzt und besser noch, wenn man zu gleicher Zeit eine sehr energische Zusammenpressung anwendet.

Sobald man die Wärme in ihren Wirkungen mit einer mechanischen Kraft vergleicht, muss man a priori erwarten, dass, unabhängig von jeder Theorie, die man annehmen mag, eine gegebene Wärmemenge, wirkend auf eine gegebene Materie, eine bestimmte Menge lebendiger (bewegender) Kraft erzeugt, und dass die Frage, welche sich dann unmittelbar dem Geiste darbietet, diese ist: Wird die nämliche Wärmemenge die nämliche Menge mechanischer Kraft erzeugen, gleichviel welches die Materie ist, welche von der Wärme erregt wird oder auf welche die Wärme wirkt? Ich will versuchen, diese Frage zu lösen, indem ich zur Grundlage meines Raisonnements die Idee nehme, welche ich mir von der Wärme gebildet habe. Die Wärme selbst wird in dieser Schrift als eine Bewegung oder als eine mechanische Kraft angesehen, und jede Menge Wärme kann gemessen werden durch eine Menge Bewegung. Wenn also durch die Zusammenziehung eines gegebenen Stoffes, z. B. erwärmten Quecksilbers, die Luft in einem mit einem beweglichen Stempel versehenen Cylinder sich ausdehnt, so setzt der Stempel sich in Bewegung; in diesem Falle vernachlässigt man gewöhnlich die Ausdehnung oder die Molekülbewegung der den Cylinder und den Stempel bildenden Materie zu berücksichtigen, das Eisen z. B. wie auch die umgebende Luft. Wenn die Luft sich ausdehnt, so wird sie kälter; mit andern Worten, wenn sie selbst die Ausdehnung erfährt, so verliert sie ihr Vermögen, die umgebenden Körper auszudehnen; aber wenn der Stempel mit Gewalt auf dem Grunde des Cylinders zurückgehalten wird, so werden, weil die ausdehnende Kraft des Quecksilbers fortfährt sich dem Eisen und der Umgebungsluft mitzutheilen, diese letzteren desshalb wärmer werden, als wenn der Stempel sich gehoben hätte.

Dies in dem untersuchten Falle angenommen, wird dann
wenn die eingesperrte Luft auf einem unveränderlichen Raum-
maass erhalten bleibt, die Ausdehnung des Eisens (des Cylinders), ihre Verwerthbarkeit angenommen, einen genau
gleichwerthigen mechanischen Effekt bewirken, als die Ausdehnung der Luft gemacht haben würde, wenn die Wärme
von ihr ganz absorbirt worden wäre?

Sobald man annimmt, dass (mit Ausnahme der Körper
welche sich ausdehnen, wenn sie erstarren und für welche
in gewissen Temperaturgrenzen, das Gegentheil gilt) jedesmal,
wenn ein Körper zusammengepresst wird, der nämliche Körper
zugleich warm wird, d. h., dass er die umgebenden Körper ausdehnt;
dass jedesmal, wenn ein Körper sich ausdehnt oder an Umfang
zunimmt, er kalt wird, dass er also die benachbarten Körper zusammenzieht: dann muss man, so scheint mir, den Schluss ziehen, dass die durch die Wärme erzeugte mechanische Kraft eine
bestimmte und für eine gegebene Wärmemenge die nämliche ist,
welches auch die Substanz sein möge, auf welche diese Wärme
wirkt.

Nehmen wir an, A sei eine Wärmequelle von gemessenem
Wert, z. B. ein Kilogramm Quecksilber von 200^0; nehmen
wir ferner an, B sei eine andere Wärmequelle ähnlicher Art
und gleich stark; lassen wir A dazu angewendet werden,
einen Stempel durch die Ausdehnung der Luft zu heben,
und B dazu, einen gleichgrossen Stempel durch die Zusammenziehung des Wasserdampfes zu heben. Stellen wir uns
vor, dass die zwei Stempel dergestalt an den zwei Enden
eines Hebels befestigt werden, dass ihre Wirkungen einander
entgegengesetzt sind, und dass sie eine Art kalorischer Wage
darstellen; wenn A mit der Luft verbunden, den Sieg über
B davonträgt, das mit dem Wasser verbunden ist, so wird
es den Stempel von B herabdrücken oder herabsteigen machen und indem es den Wasserdampf zusammendrückt, ein
Steigen der Temperatur verursachen: diese Wärme wird ihrerseits die Temperatur der Wärmequelle steigern, dergestalt,
dass wir uns gegenüber der Regelwidrigkeit befinden, dass
ein Kilogramm Quecksilber von 200^0 die Temperatur eines
andern Kilogramms Quecksilber von 200 auf 201^0 bringen
oder ein wenig über seine ursprüngliche Temperatur treiben

kann, und dies ohne irgend eine äussere Hilfe; es ist augenfällig, dass dies unmöglich ist, oder zum Mindesten im Widerspruch mit dem Ganzen unserer Erfahrungen.

Man kann diesem Raisonnement eine andere Form geben und sagen: Man kann nicht, indem man die Art der mechanischen Anwendung ändert, oder den Stoff durch dessen Vermittelung man sie hat wirken lassen, durch eine gegebene Wärmequelle mehr Wärme erzeugen, als jene ursprünglich besitzt; angenommen also, dass die Wärme ganz und gar in mechanische Kraft verwandelt wird, so würde, wenn es in einem Fall einen Ueberschuss an Kraft gäbe, dieses Zuviel seinerseits in einen Ueberschuss von Wärme verwandelt werden können, und man könnte somit Kraft erzeugen. Wegen eines gleichartigen Grundes würd' auch kein Deficit an Kraft stattfinden, weil dies Deficit gleichbedeutend wäre mit einer Zerstörung der Kraft.

In der Praxis kann man gleichwol das nicht ausführen was wir eben gesagt haben; man kann z. B. keine Maschine konstruiren, die durch Ausdehnung und durch Zusammenziehung einer Eisenstange wirkt und die eine gleiche Kraft entwickelt als eine Dampfmaschine, welche mit der nämlichen Wärmemenge gespeist wird.

Carnot, welcher 1824 eine Abhandlung über die bewegende Kraft des Feuers geschrieben hat, sah den mit Hilfe der Wärme gewonnenen Effekt so an, als wenn er durch Uebertragung der Wärme von einem Punkt zum andern entstehe, ohne den geringsten endlichen Wärmeverlust. So entsteht bei einer gewöhnlichen Dampfmaschine eine mechanische Bewegung, wenn die Wärme des Heerdes das Wasser des Generators ausgedehnt und den Stempel emporgehoben hat, aber diese Bewegung kann nicht fortgesetzt werden, ohne dass die entwickelte Wärme, nachdem sie ihre Wirkung hervorgebracht, entfernt wird; diese Entfernung vollzieht der Condensator und der Stempel steigt herab. Dabei aber haben wir thatsächlich die Wärme des Heerdes auf den Condensator übertragen und durch diese Uebertragung einen mechanischen Effekt erzielt. Soll die durch die Wärme erzeugte mechanische Bewegung wie eine einfache Uebertragung der Wärme angesehen werden oder wie das Resultat einer Verwandlung der Wärme in Kraft? Diese Frage führt zu dieser zweiten: Kehrt die in Form von mechanischer Kraft entfaltete Thätigkeit in der Form von Wärme zu der Wärmemaschine zurück?

Wenn eine abgemessene Menge Luft erwärmt wird, dehnt sie sich aus, und durch die Ausdehnung selbst wird sie kälter oder verliert etwas von ihrem Vermögen, die Wärme auf die Nachbarkörper zu übertragen. Das was wir Wärme nennen, wenn die Ausdehnung der Luft verhindert war, das nennen wir mechanischen Effekt, oder wir sehen es an, als sei es in einen mechanischen Effekt umgewandelt, indem es aufhörte Wärme zu sein; wenn wir aber die Empfindung der Nerven bei Seite lassen, so ist diese Ausdehnung oder dieser mechanische Effekt die Kundgebung der Wärme; denn wenn man die Wärme sich frei ausdehnen lässt, so wird diese Ausdehnung der Index und das Maas der Wärme; wenn die Luft eingesperrt ist, so wird die Ausdehnung des Gefässes, welche sie enthält, oder diejenige des Quecksilbers in einem Thermometer, das in Berührung mit der Wärme ist, deren Index oder Mass sein.

Im Uebrigen wird Luft, welche ausgedehnt war und durch Zusammenpressung oder ein anderes Mittel zu ihrem ersten Volumen zurückgeführt wird, von Neuem fähig, andere Körper zu erwärmen oder bis auf einen Grad auszudehnen, wie sie es nicht gethan hätte, wenn sie im ausgedehnten Zustande verharrt wäre. Um eine anhaltende Bewegung hervorzubringen, oder um einen Stempel nach oben und nach unten zu bewegen, müssen wir wechselweise erwärmen und kalt machen, genau so wie wir bei einer magnetischen Maschine wechselweise magnetisiren und entmagnetisiren müssen, um eine anhaltende mechanische Bewegung hervorzubringen; und obgleich durch die Unmöglichkeit, worin wir uns befinden die Wärme zu isoliren, dem Anscheine nach einige Wärme bei dem Manöver verloren geht, so kann man doch sagen, dass das Resultat erzielt ist durch Uebertragung von Wärme eines warmen Körpers auf einen kalten, vom Heerde auf den Condensator. Aber wir können ebenso gut sagen, dass die Wärme in Bewegung verwandelt ist und dass umgekehrt die Bewegung wieder zu Wärme geworden ist;

diese Wirkungen sind Wechselwirkungen (korrelativ) wie es die Wirkungen einer Luftpumpe sind, mittelst welcher wir, wenn wir die Luft an einer Seite ausdehnen, sie auf der andern Seite verdichten; und wie wir sie nicht ausdehnen können ohne anderseitige Verdichtung, ebenso können wir nicht erwärmen, ohne anderseits zu erkälten, und so umgekehrt (vice versa).

In den voraufgehenden Betrachtungen haben wir den Widerstand des Stempels vernachlässigt, oder vorausgesetzt, dass das durch den Stempel erhobene Gewicht mit jenem wieder herabgestiegen ist. Die Wärme hatte zwei Wirkungen hervorzubringen: die Luft oder den Dampf des Cylinders auszudehnen und den Stempel und das Gewicht zu heben. Das Eine und das Andere ist eine mechanische Arbeit, und um das Zweite gleichzeitig mit dem Ersten hervorzubringen bedarf man einen Wärmeüberschuss von gleichem Kraftwert (äquivalent) mit der mechanischen Arbeit, welche zur Hebung des Stempels zugleich mit dem Gewicht erfordert wird. Sehen wir jetzt zu, was sich ereignet, wenn das aufgehobene Gewicht nicht mit dem Stempel zurücksteigt.

Nehmen wir also an: dass ein Gewicht auf einem Stempel ruht, der Luft von einer gewissen Temperatur, z. B. 50° abschliesst, und dies in einem Gefässe oder Pumpenschaft, der die Wärme nicht leitet; ein Theil der Wärme der Luft wird von dem stattfindenden Druck herrühren, weil die Pressung Wärme in der Luft erzeugt, während die Ausdehnung Kälte hervorbringt. Wenn jetzt diese Luft erwärmt und auf 70° gebracht wird, so steigt der Stempel mit dem aufgelegten Gewicht, und die Temperatur fällt in Folge der Ausdehnung der Luft ein wenig, z. B. auf 69° (wir wollen annehmen, dass die durch die Reibung entstandene Wärme aufgewogen wird von dem durch die Reibung bewirkten Kraftverlust). Wenn jetzt ein hinzutretender kalter Körper der eingesperrten Luft 20° Temperatur entzieht, so wird der Stempel fallen, und durch den Druck, welchen er ausübt, den durch die Ausdehnung bewirkten Wärmeverlust ersetzen; wenn dann der Stempel zu seiner ersten Stellung zurückgekehrt ist, wird also die Luft ihre erste Temperatur wieder angenommen haben. Wiederholen wir diesen Versuch und erzielen dabei wieder, dass der Stempel gehoben wird; aber wenn der Stempel auf seiner höchsten Höhe ist und man daran geht, den kalten Körper anzuwenden, so soll das aufgehobene Gewicht wegfallen, etwa um ein Rad zu drehen oder irgend einen anderen mechanischen Effekt zu machen, so wird der herabsteigende Stempel seinen ersten Standpunkt nicht wieder erreichen, ohne dass die Luft jetzt mehr Wärme verloren hat; infolge dessen, dass das Gewicht verschwindet, bleibt nicht Kraft genug, um den durch die Ausdehnung bewirkten Verlust zu ersetzen; die Temperatur der Luft wird also nur 49^0 betragen, oder von 50^0 um ein Geringes abweichen. Wenn es sich anders verhielte, so würden wir mehr Wärme haben als ursprünglich dagewesen ist; denn das Gewicht kann dazu dienen, durch seinen Fall Reibungswärme zu erzeugen; wir würden also Wärme aus Nichts erzeugt haben, oder mit anderen Worten, die beständige Bewegung.

Bei der Theorie der Dampfmaschine nimmt der hier behandelte Gegenstand ein grosses praktisches Interesse in Anspruch. Watt hatte vorausgesetzt, dass eine gegebene Gewichtsmenge Wasser die nämliche Gesammtsumme an Wärme erforderte (wenn man Gesammtsumme der Wärme die Summe der latenten und der messbaren Wärme nennt), um sich im dampfförmigen Zustande zu erhalten, welches auch der Druck sein möge, welchem der Dampf ausgesetzt ist, und folgeweise, welches auch die Wandlungen seiner Expansivkraft sein mögen. Man hat lange geglaubt, dass dies wait'sche Gesetz von Clément Désormes experimental bewiesen sei. Wenn dem so wäre, würde der Dampf, indem er einen Stempel mit einem Gewichte darauf in die Höhe treib, einen mechanischen Effekt hervorbringen; und da gleichwol in dem ausgedehnten Dampf ebenso viel Wärme wäre als in dem verdichteten Dampf, so wäre die Arbeit ohne Verlust an ursprünglicher Kraft vollzogen; ausserdem würden wir durch die Annahme, dass kein beiläufiger Verlust stattfindet, dass die Wärme des Wassers in dem Condensator der genaue Ausdruck der ursprünglichen Wärme ist, bei der anhaltenden Bewegung (perpetuum mobile) anlangen. Southern nahm an, dass die latente Wärme ständig sei, und dass die Temperatur des Dampfes unter Druck proportional der wahrnehmbaren Wärme zunehme. Herr Despretz machte 1832 einige Versuche, die ihn zu der Schlussfolgerung führten, dass die gesammte Wärmezunahme des gepressten Dampfes der wahrnehmbaren Wärme nicht proportional sei, dass sie aber gleichwol mit dieser wahrnehmbaren Wärme wachse; dies Resultat ist mit einer grossen Sorgfalt von Herrn Regnault bewahrheitet und bestätigt, durch neuere und bewundernswürdig geführte Versuche. Was den Irrthum Watts und der Versuche von Clement Désormes scheint verursacht zu haben, das ist die in dem Ausdruck „latente Wärme" versteckte Idee, nach welcher bei der Voraussetzung, dass die Erscheinung verschwindender wahrnehmbarer Wärme dem Verschlucktwerden einer materiellen Substanz zuzuschreiben sei, diese Substanz, der Wärmestoff, wie man glaubt, sich ersetzt, wenn der Dampf durch Wasser verdichtet wird, selbst dann, wenn das Wasser keinem Druck unterworfen ist; nun muss aber, um die Gesammtwärme des Dampfes unter Druck zu schätzen, dieser Dampf unter dem nämlichen Druck verdichtet werden, als derjenige ist, unter welchem er sich gebildet hat, wie dies bei den Versuchen der Herren Despretz und Regnault stattgefunden hat.

Die Theorie von Carnot, nach welcher die mechanische Arbeit erzeugt wird durch Uebertragung der Wärme, ohne dass ein endlicher Verbrauch oder Verlust bei der Erzeugung dieser Arbeit stattfindet, war theilweise auf ähnliche Ueberlegungen gegründet; es ist wahr, dass die mechanische Bewegung durch den Uebergang der Wärme von einer höhern zu einer niederern Temperatur hervorgebracht werden kann, auch ohne endlichen Verlust oder mit nur sehr geringem Verlust; aber diese Bewegung würde keine mechanische Arbeit sein, die eine Wirkung hervorbringt.

Nimmt man an, dass eine Anzahl Wärmegrade von einer niedern Temperatur die nämliche Grösse von mechanischer Kraft vertritt, als die nämliche Anzahl Grade von einer höhern Temperatur, dass z. B. ein Körper, der sich von 120^0 auf 100^0 abkühlt, nicht mehr Kraft hervorbringt, als ein Körper, der sich von 20^0 auf Null abkühlt: dann wird man in dem Condensator, wenn nach aussen die Entstehung einer abgeleiteten oder effektvollen Arbeit stattgefunden hat, die Zahl der in dem Heerde verloren gegangenen Grade nicht

wiedergewinnen. Diese Gleichheit der Kraft einer und derselben Anzahl von Graden auf der ganzen Skala des Thermometers ist wahrscheinlich nicht richtig; denn die mit Dampf
von hoher Spannung erhaltenen Resultate und andere Thatsachen führen zu einer entgegengesetzten Folgerung. Wenn
dagegen die 20^0 der Skala bei niedern Temperaturen keine
gleichwerthige Kraft mit derjenigen vertreten, welche den 20^0
der Skala von hohen Temperaturen entspricht, dann können
wir in dem Condensator die ganze Anzahl der im Heerde
verloren gegangenen Grade wiederfinden, und gleichwol
einige abgeleitete oder arbeitende Kraft gewinnen; diese Arbeit wäre nichtsdestoweniger für die Wärmemaschine eine
Ausgabe von wärmeerzeugender Kraft, wenn man gleich
bei Schätzung des Verlustes oder des Gewinns nach den
Graden des Thermometers, sagen kann, dass kein Verlust an
Wärme stattgefunden hat. Man verwirrt zuweilen den Begriff der Arbeit, welche zu der Maschine zurückkehrt, durch
den Begriff der abgeleiteten oder produktiven Arbeit, welche
nicht zur Maschine zurückkehren kann, oder welche man ausserhalb der Maschine verbraucht hat. Diese Verwirrung ist sehr
störend für die Leser von Schriften über die Dampfmaschinen
oder ähnliche Gegenstände und sie hat eine gewisse Unklar-
heit in den Gedanken und Ausdrücken verursacht.

Herr Seguin hat im Jahre 1839 die Annahme von Carnot
bekämpft, welcher will, dass man durch die blosse Uebertragung von Wärme produktive Arbeit erhalten kann. Mit Hilfe
von Rechnungen, die auf sichern Grundlagen gemacht sind,
wie das mariottesche Gesetz, nach welchem die elastische
Kraft der Gase und der Dämpfe proportional ihrem Drucke
wächst, und bei der Annahme, dass für Dampf zwischen 106^0
und 186^0 jede Steigerung der Wärme um einen Grad durch
eine Wärmeeinheit hervorgebracht wird, gelangte er zu der
Bestimmung des mechanischen Arbeitsäquivalents, welches
einer gegebenen Temperaturerniedrigung entspricht; sein Schluss
war, dass beim gewöhnlichen Druck ein Grad Wärme, welchen
ein Gramm Wasser verliert, eine Kraft erzeugt, die 500 Gramm
einen Meter hoch hebt; dies mechanische Aequivalent der
Wärme ist ein wenig grösser als das von Herrn Joule aus
neuern Versuchen abgeleitete, und das wir schon angeführt

haben, als wir den umgekehrten Fall betrachteten, dass Wärme durch die Bewegung oder durch die mechanische Kraft erzeugt wird. Inzwischen hat Herr Seguin nach den gelehrten und gewissenhaften Untersuchungen von Herrn Regnault die Nothwendigkeit gefühlt, den Wert seines Aequivalents zu modifiziren, weil aus jenen Versuchen hervorzugehen scheint, dass es innerhalb gewisser Grenzen nur drei Zehntel einer Wärmeeinheit bedarf, um die Temperatur des gepressten Dampfes um einen Grad zu erhöhen; vermehrt in dem Verhältniss von 10 zu 3, würde das mechanische Aequivalent der Wärme 1666 Gramm statt 500 sein.

Ungeachtet wir beim jetzigen Stande der Wissenschaft nicht mit Schärfe die mechanischen Wirkungen vergleichen können, welche eine gegebene Wärmemenge nach und nach hervorbringt, wenn man sie auf mehrere nach ihren physischen Charakteren sehr verschiedene Substanzen wirken lässt, hab' ich doch zu beweisen versucht (indem ich die Widersprüche klar machte, zu welchen die entgegengesetzten Schlüsse führen würden) dass, welches auch die Menge der mechanischen Arbeit sein möge, die durch eine Art, die Wärme in Anwendung zu bringen, hervorgebracht wird, diese nämliche Arbeit, theoretisch betrachtet, durch jede andere Anwendungsweise gewonnen werden muss. Aber in der Wirklichkeit ist der Unterschied gross, und folglich ist es eine Frage von grossem praktischen Interesse zu erforschen, welches das zweckmässigste Material ist, um die Wärme bei ihrer Anwendung darauf wirken zu lassen, und welches der beste Mechanismus ist, um diese Wärme zu schonen. Ohne die verschiedenen Erfindungen und alle diesen Gegenstand betreffenden Theorieen zu diskutiren, welche jeden Tag neue Entwicklungen annehmen, wird es gut sein, zu zeigen, um wie viel die Kunst, zum Mindesten in ihrem jetzigen Zustande, von der Natur übertroffen wird. Nach Schätzungen, die mit der grössten Sorgfalt gemacht sind, verbraucht der sparsamste aller Oefen zehn bis zwanzig mal mehr Brennstoff, als ein Thier beim Athmungsprozesse braucht, um die nämliche Menge Wärme hervorzubringen, und Herr Matteucci hat gefunden, dass man durch einen gegebenen Verbrauch von Zink in einer voltaschen Säule einen bedeutend grössern mechanischen Effekt

hervorbringt, wenn man die Säule auf einen frischgetödteten Frosch wirken lässt (ungeachtet diese Versuche mit zahlreichen Fehlerquellen behaftet sind und ein viel schwächeres
Resultat geben, als bei einem lebenden Thier) als dann, wenn die
nämliche Säule angewendet wird, um durch Vermittlung eines
magnet-elektrischen Apparats oder durch irgend einen anderen künstlichen Motor einen mechanischen Effekt hervorzubringen. Das Verhältniss des ersten Effekts zum zweiten war
in diesen Versuchen wie 6 zu 1. So können wir in allen unsern Erfindungen der Kunst nur die Naturkräfte anwenden,
und wir wenden sie durch bedeutend unvollkommnere Mechanismen an als diejenigen sind, welche durch die Natur in
Thätigkeit gesetzt werden; auch hat einer unserer Dichter
gesagt:

> „Nature is made better by no mean;
> But Nature makes that mean; so o'er that art,
> Which (we) say adds to nature, is an art
> That nature makes."

„Man kann durch kein Mittel die Natur besser machen, oder
die Natur gibt uns selbst dazu die Mittel; so gibt es also
eine Kunst, welche die Natur macht, die höher ist als die
Kunst, welche wir meinen zur Natur hinzuzufügen."

Herr Thomson hat neuerdings das Feld für neue Spekulationen eröffnet: er macht die Bemerkung, dass aus jeder
mechanischen Thätigkeit, aus jeder beendigten chemischen
Aktion eine gewisse Menge Wärme entspringt, und dass, weil
diese Wärme in den Weltraum ausstrahlt, hieraus eine allmälige Verminderung der Erdwärme hervorgehen muss; dass
durch diesen zwar langsamen aber anhaltenden Verlust die
Erde endlich bis zu einem Grade muss abgekühlt werden,
der unvereinbar ist mit dem Fortbestehn des animalischen
und des vegetabilischen Lebens; dies heisst, kurz gesagt, dass
die Erde und die Planeten unseres Systems mehr Wärme abgeben, als sie empfangen und dass sie folglich in einem fortwährend Abkühlungsprozess begriffen sind.

Die geologischen Forschungen bestätigen bis auf einen
gewissen Punkt diese Anschauungsweise; denn sie zeigen,
dass das Klima von mehreren Theilen der Erde in entlegenen

Epochen wärmer war, als gegenwärtig: die Thiere, deren fossile Ueberreste in den alten Schichten gefunden sind, hatten ihren Organismus einem warmen Klima anbequemt. Gestehen wir jedoch, dass die kosmischen Spekulationen von so vielen Schwierigkeiten umringt sind, dass man selbst den allertiefsinnigsten nur ein schwaches Vertrauen schenken kann. Wir kennen die eigenthümliche und erste Ursache der irdischen Wärme nicht, und noch viel weniger diejenige der Sonnenwärme; wir wissen nicht ob die Planetensysteme der Art konstituirt sind, dass die einen auf die anderen die Naturkräfte übertragen, dergestalt, dass Kräfte die bis jetzt unseren Forschungsmitteln entgangen sind sich in einem anhaltenden oder periodischen Zustande des Austausches befinden können.

Die durch die Schwerkraft verursachten Bewegungen können das Mittel sein, wodurch gewisse Molekülkräfte im Innern der Planeten selbst ins Leben gerufen werden. Weil wir weder durch Beobachtung noch durch Räsonnement dem Ganzen der Sternenwelt irgend eine Grenze anweisen können, weil jeder Zuwachs an Kraft unserer Fernrohre, wenn wir uns so ausdrücken dürfen, uns ein neues Sternenlager zeigt, so können wir unsere Erdkugel an ihrer Grenzscheide so zu sagen umgeben denken von einer Sphäre von Materie, die ohne Ende Wärme, Licht und noch andere Kräfte ausstrahlt.

Die Ausstrahlungen der Gestirne scheinen nicht, zum Mindesten so weit wir es bis jetzt beurtheilen können, auszureichen, um die Wärme zu ersetzen, welche die Erde durch Ausstrahlung verliert; aber man kann sich sehr gut vorstellen, dass das ganze Sonnensystem in die Lage kommen mag durch Theile des Weltraums wandern zu müssen, die eine verschiedene Temperatur haben, wie Poisson, ich glaube, zuerst hingeworfen hat; darum könnten wir, wie es einen Sommer und Winter für die Erde gibt, so auch einen kosmischen Sommer und Winter haben, angemessen dem Weltgebäude und in diesem Fall würde die in der einen Periode verloren gegangene Wärme in der anderen wieder ersetzt. Im Uebrigen kann die Wärmestrahlung der Himmelskörper durch Wechsel der

Stellungen nach Epochen variiren, die von einer ungeheuren Dauer sind, im Vergleiche zur Lebensdauer des Menschen.

Die Ansichten des Herrn Thomson weichen wesentlich ab von denjenigen des Laplace, welche neuerdings von Hrn. Babinet unterstützt sind, dahin gehend, dass die Planeten durch eine stufenweise Verdichtung der Nebelmaterie des Weltraums entstanden sind. Man kann vielleich diese Ansicht vortheilhaft verbessern, wenn man sagt, dass die Welten oder die Weltsysteme, statt zu verschiedenen Perioden als Ganze geschaffen zu sein, einer anhaltenden Veränderung durch atmosphärische Zugaben oder Abgaben unterliegen, durch Wachsthum oder Abnahme der kosmischen Nebelmaterie, oder von Meteorkörpern, dergestalt, dass man von keinem Sterne oder Planeten sagen kann, er sei in irgend einem gegebenen Moment geschaffen oder zerstört, oder er befinde sich in einem unbedingten Zustande der Stabilität, dass vielmehr einige sich im Zustande des Wachsthums befinden, während andere im Abnehmen begriffen sind, und so durch das ganze Weltall hindurch, in der Vergangenheit so gut, als in der Zukunft. Aber wenn die Fragen der Weltentstehung, welche sich auf Anfang und Ende der Welt beziehen, von einem physikalischen Gesichtspunkt betrachtet werden, so ist die Periode unserer eigenen Beobachtung, wenn man sie auch noch so ausgedehnt annehmen mag, so ausserordentlich kurz im Vergleiche zu der Zeit, welche jede bemerkbare Veränderung, selbst auf unserm Planeten, zu ihrer Entstehung erfordert, dass alle Theorieen, welche man auch entwerfen mag, weder bewiesen noch auch widerlegt werden können. Wir haben kein Mittel uns zu vergewissern, dass die Veränderungen, welche in dem nämlichen Sinne in einer längern Zeit vorgehen, als das Ganze der menschlichen Erfahrungsfrist, in der That anhaltende sind oder bloss säkulare Wandlungen, welche in Perioden von längerer Dauer, als wir sie kennen, mögen ausgeglichen werden. So kann in gewissen Fällen die Frage der Beständigkeit oder des Wechsels sich nur auf Zeitperioden beziehen, welche sich, so ungeheuer sie auch in unseren Rechnungen scheinen mögen, auf Nichts reduziren, wenn man sie mit der kosmischen Zeit vergleicht, wenn es gestattet ist,

eine unendliche Dauer, die kosmische Zeit zu nennen. Aehnliche Fragen als diese, wenn gleich für den menschlichen
Geist mit einem eigenthümlichen Reize ausgestattet, sind vom
Gesichtspunkte einer zu hoffenden ausreichenden Lösung,
der jetzigen Tragweite unserer Fassungskraft, oder vielleicht
aller in Zukunft zu hoffenden Einsicht, weit entrückt.

Elektrizität.

Die Elektrizität ist diejenige Erregung der Materie oder diejenige Form der Kraft, welche die klarsten und schönsten Beziehungen zu den anderen Kräften hat, und sie zeigt, in ziemlich ausgedehnten Grenzen, in einer messbaren Weise, ihr Verhältniss zu ihnen, ihre Wechselbeziehung zu allen. Wegen der Art, wie die eigenthümliche Kraft, die man Elektrizität nennt, sich durch gewisse Körper, z. B. Metalldrähte, fortzupflanzen scheint, hat man sich veranlasst gesehen, sich des Wortes Strom zu bedienen, um ihr augenscheinliches Fortschreiten zu bezeichnen. Es ist sehr schwer, dem Geiste eine Theorie zu bieten, welche eine recht charakteristische Idee von ihrer Wirkungsweise gibt; die ersten Theorieen sahen die Erscheinungen der Elektrizität zum Theil als die Wirkung eines einzigen idiorepulsiven, d. h. aus und in sich selbst abstossenden Fluidums an, das aber jede Materie anzieht, zum Theil als die Wirkung von zwei Fluidums, jedes an sich abstossend, aber beide einander anziehend. Ausser der Fluidumshypothese hat man noch keine Theorie der Elektrizität aufgestellt; und wie gross auch die dieser Hypothese zugewendete Gunst sei, so glaub' ich doch, dass Mehrere von Denen, welche die Phänomene aufmerksam studirt haben, nicht widerstreben werden, sie als durch kein Fluidum entstanden anzusehen, sondern als eine moleküläre Polarisation der gewöhnlichen Materie, oder als die gewöhnliche Materie,

welche durch Anziehung und Abstossung in einer bestimmten Richtung wirkt. So ist auch die Uebertragung des voltaschen Stroms in den Flüssigkeiten von Grotthus als eine
Reihe chemischer Anziehungen angesehen, die in einer bestimmten Richtung vonstatten geht; z. B. bei der Elektrolyse des Wassers, d. h. bei der Zerlegung von Wasser, welches zwischen die Pole oder Elektroden einer voltaschen Säule
gebracht ist, wird angenommen, dass ein erstes Molekül
Sauerstoff durch die übertriebene Anziehung der benachbarten Elektrode aus seiner Lage gerückt ist; das Wasserstoffgas, welches durch diese Lageveränderung frei gemacht wird,
verbindet sich mit dem Sauerstoff des angrenzenden Moleküls
Wasser; der Wasserstoff dieses zweiten Moleküls wird seinerseits auch frei gemacht, und so fort; der Strom wäre nichts
Anderes, als diese Uebertragung der chemischen Verwandtschaft in den Molekülen.

Es gibt starke Gründe, zu glauben, dass mit wenigen
Ausnahmen, wie für die geschmolzenen Metalle, die Flüssigkeiten die Elektrizität nicht leiten, ohne die Zersetzung zu
erleiden; denn, selbst in den extremen Fällen, wo scheinbar
eine geringe Leitung ohne die gewöhnliche Ausscheidung von
Substanz um die Leitungsdrähte herum vonstatten geht, da
zeigen diese letztern, wenn man sie nach Abtrennung von
dem Strom (der voltaschen Säule) in eine neue Flüssigkeit
taucht, durch den Gegenstrom, welchen sie dann verursachen,
dass der Zustand ihrer Oberfläche verändert ist, verändert
ohne allen Zweifel durch Ablagerung von Substanz auf ihrer
Oberfläche die entgegengesetzte chemische Charaktere bietet.

Die Frage, ob in den Flüssigkeiten eine schwache Leitung stattfinden kann, ohne von chemischen Veränderungen
begleitet zu sein, ist inzwischen in der letzten Zeit stark diskutirt worden und man kann sie als eine Kontroverse unter
den Häuptern der Wissenschaft ansehen.

Angenommen für den Augenblick, die Elektrolyse sei
das einzige bekannte elektrische Phänomen, so würde die
Elektrizität als die Uebertragung einer chemischen Thätigkeit erscheinen. Die einzige Kundgebung, welche wir davon
haben, ist die, dass eine gewisse Erregung der Materie oder
eine chemische Veränderung an getrennten Punkten ihres

Raumes hervortritt, welche Punkte durch die erregte Materie verbunden sind, so dass die an dem einen Punkte hervorgebrachte Veränderung eine bestimmte Beziehung zu der Veränderung des anderen Punktes hat.

Prüfen wir die unter dem Namen der Induktion bekannten elektrischen Wirkungen, so werden wir sehen, dass diese Erscheinungen ebenfalls im Widerspruch sind mit der Theorie, welche in der Elektrizität ein Fluidum sieht, und dass sie sich vielmehr im Einklang befinden mit der Theorie einer molekülären Polarisation. Wenn ein elektrisirter Leiter in die Nähe eines andern nichtelektrisirten gebracht wird, so wird dieser letztere elektrisch durch „Einfluss," oder wie man sagt, durch Induktion; die einander nächsten Theile dieser beiden Leiter zeigen elektrische Zustände von entgegengesetzter Benennung. Bevor diese Sache ein Gegenstand der Untersuchungen von Herrn Faraday wurde, nahm man an, dass der Einfluss des zwischenliegenden nichtleitenden oder di-elektrischen Körpers durchaus negativ sei, und die hergestellte Wirkung wurde angesehen als eine Abstossung des elektrischen Fluidums aus der Ferne. Herr Faraday hat gezeigt, dass die hervorgerufenen Wirkungen gar sehr von einander abweichen, je nach der Natur des eingeschobenen di-elektrischen Körpers. So sind sie viel stärker durch die Einschiebung des Schwefels, als durch diejenige des Gummilacks; stärker beim Gummilack, als beim Glase, etc. Herr Matteucci, obgleich er abweicht von Herrn Faraday hinsichtlich der von ihm gegebenen Erklärung, hat einige Versuche hinzugefügt, welche beweisen, dass der di-elektrische eingeschobene Körper molekülär polarisirt ist. So hat er eine gewisse Anzahl feiner Platten von Mica über einander gelegt, um daraus eine Art Kartenspiel zu machen; er hat Metallplatten auf der Aussenseite des Packetes angebracht, und er hat eine von diesen elektrisirt, dergestalt, dass der Apparat geladen wurde, wie eine leidner Flasche. Wenn er die Platten mittelst ihres isolirten Griffes trennte, so sah er, dass eine jede elektrisirt war, die eine Oberfläche positiv, die andere negativ; dieser Versuch beweist auf eine sehr schlagende und entscheidende Weise das Vorhandensein einer Polarisation, welche durch die Induktion sich durch die ganze Masse des eingeschobe-

nen Körpers hergestellt hat. Wenn wir jetzt die Elektrizität
der Atmosphäre prüfen, wenn sie, wie dies der gewöhnliche Fall,
positiv in Bezug auf diejenige der Erde ist, so finden wir,
dass jeder stratus oder jede Wolkenschicht positiv ist, in
Bezug auf die nächste unter, negativ in Bezug auf die nächste
über ihr; das Gegentheil findet Statt, wenn die Elektrizität
der Atmosphäre negativ ist in Bezug auf diejenige der Erde.

Wählen wir andere elektrische Phänomene aus, so werden
wir andere Veränderungen in der erregten Materie auftreten
sehen. Der elektrische Funken, der elektrische Büschel und
die ähnlichen Erscheinungen sind von der alten Theorie als
wirkliche und wirksame Ausflüsse des elektrischen Fluidums
oder der elektrischen Materie angesehen; ich sehe sie an als
hervorgebracht durch ein Abströmen der nämlichen Materie
von welcher sie ausgehen, und durch eine moleküläre Thätigkeit des Gases oder des Mittels (Mediums) durch welche
hindurch sie fortgepflanzt werden.

Die Farbe des elektrischen Funkens oder des voltaschen
Bogens (d. h. der Flamme welche zwischen den Enden der
Leiter einer starken voltaschen Säule spielt) hängt von der
Substanz des Metalles ab und unterliegt gewissen Veränderungen vonseiten des Mittels wovon die Erscheinung umgeben ist: so ist der elektrische Funken oder Bogen des Zinks
blau, der des Silbers grün, der des Eisens rot und flimmernd;
nun sind aber diese Farben genau die nämlichen welche diese
Metalle bei ihrer gewöhnlichen Verbrennung geben. Man
findet auch, dass eine gewisse Menge Metall bei jeder elektrischen oder voltaschen Entladung thatsächlich mit fortgerissen wird; in dem letztern Falle, wo die Menge der Materie auf welche die Elektrizität wirkt grösser ist als ·in dem
ersteren, können die von den Elektroden oder Endpunkten
der Leiter ausgestreuten Metalltheilchen leicht aufgefangen,
geprüft und selbst gewogen werden. Es ergibt sich so, dass
die elektrische Entladung, mindestens zum Theil, von einer
wirklichen Abstossung und Trennung der elektrisirten Materie selbst kommt, welche letztere nach dem Punkte des
geringsten Widerstandes abfliesst.

Eine gewissenhafte Prüfung der Phänomene bezüglich
des elektrischen Funkens und des voltaschen Bogens, sofern

der letztere eine unterbrochene elektrische Entladung ist, die auf eine grosse Stoffmenge wirkt, führt dahin unsere vorgefassten Meinungen über die Natur der elektrischen Kraft als Erzeugerin des Feuers und der Verbrennung, beträchtlich umzugestalten. Der voltasche Bogen ist vielleicht, im eigentlichen Sinne des Wortes, weder eine Feuererscheinung noch eine Verbrennung: er ist keine blosse Feuererscheinung, weil die Materie der leitenden Spitzen an ihrem Ende nicht bloss in einen Zustand des Glühens versetzt ist: sie wird physisch abgetrennt und zum Theil von einer Elektrode zur anderen übertragen, während sie sich gleichzeitig in beträchtlicher Menge in dampfförmigen Zustand umsetzt; er ist keine Verbrennung, weil die Verbrennung faktisch eine chemische Verbindung ist, begleitet von Wärme und Licht. Im voltaschen Bogen haben wir nicht nothwendig chemische Verbindungen; denn wenn man einen Versuch in einem luftleeren oder mit Stickstoff gefüllten Recipienten macht, so wird die Substanz der Pole unverändert (im chemischen Sinne gesprochen) verdichtet auf der innern Oberfläche des Gefässes niedergeschlagen. Um ein recht schlagendes Beispiel zu wählen, so wird, wenn die voltasche Entladung zwischen zwei Zinkspitzen in einem leeren Recipienten stattfindet, ein feiner schwarzer Zinkstaub auf die innere Fläche des Recipienten abgesetzt; man kann ihn sammeln, er fängt in der Luft sehr leicht Feuer bei der einfachen Berührung mit einem Zündholz oder einem glühenden Drahte und verbrennt augenblicklich zu Zinkoxyd. Für einen gewöhnlichen Beobachter wird es aussehen, als sei das Zink zweimal verbrannt: Zuerst in dem Recipienten, wo das Phänomen ganz den Anschein einer Verbrennung hat, und zweitens bei der wirklichen Verbrennung in der Luft. Mit dem Eisen ist der Versuch ebenfalls instruktiv. Das Eisen wird durch den voltaschen Bogen im Stickstoff oder im leeren Raume verflüchtigt; und wenn man, nachdem sich eine kaum wahrnehmbare Schicht auf das Glas abgesetzt hat, sie mit einer Säure fortwäscht, so schlägt das Waschwasser, mit dem Eisencyanür der Pottasche behandelt, Berlinerblau nieder. In diesem Fall haben wir thatsächlich Eisen destillirt, ein Metall das durch die gewöhnlichen Mittel nur bei einer sehr hohen Temperatur löslich ist.

Ein anderer starker Beweis, dass die voltasche Entladung aus der Materie selbst besteht, woraus die Endspitzen (der Leitungsdrähte) gemacht sind, ist jene eigenthümliche Drehung welche man in dem Lichte des Bogens bemerkt wenn er in der Nachbarschaft eines Magneten ist, oder wenn das angewendete Metall Eisen ist, indem die magnetische Natur dieses Metalles macht, dass seine Moleküle unter dem Einfluss des voltaschen Stromes von einer rotirenden Bewegung beseelt werden.

Wenn wir die Zahl der Plattenpaare in der voltaschen Säule vermehren, so steigern wir die Länge des Bogens und auch seine Intensität oder sein Vermögen, die ihm entgegengestellten Widerstände zu überwinden. Bei einer Säule die aus wenigen Plattenpaaren, aus 100 zum Beispiel, gebildet ist, wird die Entladung nicht von einem Pol zum andern gehn wenn man die Spitzen der Pole nicht vorher in Berührung gebracht hat; aber wenn wir die Zahl der Paare auf 400 oder 500 bringen, so schlägt die Entladung von einem Pol zum andern auch ohne Berührung. Der Unterschied zwischen dem was man franklinsche Elektrizität genannt hat, die mittelst einer gewöhnlichen elektrischen Maschine gewonnen wird, und der voltaschen Elektrizität, die durch eine gewöhnliche voltasche Säule gewonnen wird, ist der, dass die erstere von einer viel grössern Intensität ist als die letztere; sie besitzt ein viel grösseres Vermögen, die Widerstände zu überwinden, aber sie wirkt auf eine viel kleinere Stoffmenge. Wenn man eine voltasche Säule in der Weise anordnet, dass die Kraft vermehrt, die Masse vermindert wird, dann werden sich die Charaktere der elektrischen Erscheinungen denjenigen der Elektrisirmaschinen annähern. Um diese Wirkung zu Stande zu bringen, können die Durchmesser der Platten in der Säule, und folglich die Menge des Stoffs auf welchen man in jeder Zelle wirkt, vermindert werden, aber man muss die Zahl der Paare vermehren. So sind denn also in einer Säule von 100 Plattenpaaren, wenn jede Platte in zwei getheilt wird und die Säule in der Art angeordnet wird, dass sie 200 Paare hat, von welchen jedes halb so breit als ursprünglich ist, die quantitativen Wirkungen vermindert, die Wirkungen der Intensität sind gesteigert. Wenn man dies Theilen noch weiter fortsetzt, indem man den Durchmesser der Platten vermindert, ihre Zahl vermehrt, wie dies stattfindet bei den voltaschen Säulen von Deluc und Zamboni, so gelangt man dahin, ähnliche Wirkungen zu haben als bei der franklinschen Elektrizität„ und wir gehen so vom voltaschen Bogen zum Funken und zur elektrischen Entladung über.

Diese Entladung hat, wie wir schon gesagt haben, eine Farbe, die von der Natur der angewendeten Endspitzen abhängt. Wenn man zu Polen sehr fein polirte Platten nimmt, so wird man an den Spitzen sich einen Fleck bilden sehn aus welchem die Entladung kommt, selbst in dem Falle dass der elektrische Funke schwach ist. Die Materie der Pole wird selbst erregt, und die Uebertragung dieser Materie durch den zwischen ihnen liegenden Raum hindurch wird bewiesen durch die Ablagerung zarter Massen des Metalls oder der Substanz des einen Pols auf den anderen Pol.

Wenn man das Gas oder das elastische Mittel wechselt welches sich zwischen den Polspitzen befindet, so sieht man einen Wechsel in der Länge oder in der Farbe der Entladung eintreten, was beweist, dass die Zwischensubstanz selbst erregt wird. Wenn das Gas verdünnt wird, so wechselt die Entladung stufenweise mit dem Grade der Verdünnung und geht von der Form des Funkens in diejenige des leuchtenden Büschels über oder des diffusen Lichtes, verschieden an Farbe bei verschiedenen Gasen und fähig sich zu einem bedeutend grössern Abstand auszudehnen, als wenn sie in Luft von gewöhnlicher Dichtigkeit stattfände. So kann die Entladung in Luft die zu einer sehr geringen Dichtigkeit gebracht ist, durch einen Raum von mehr als ein Meter Länge gehn, während sie in Luft von der gewöhnlichen Dichtigkeit nicht mehr als einen Centimeter durchspringen würde. Ein Beobachter der das schöne Phänomen dieser elektrischen Entladung im luftverdünnten Raume beobachtet, eine Erscheinung die gewisse Aehnlichkeiten mit dem Nordlichte darbietet und welche dieserhalb die elektrische Aurora genannt worden ist, der empfindet einige Schwierigkeit zu glauben, dass ähnliche Wirkungen der gewöhnlichen Materie zuzuschreiben sind. Die Menge des anwesenden Gases ist ausserordentlich gering, und die Spitzen der Leiter, wenn man sie leichthin beobachtet, scheinen nach einem langen Experiment durchaus keine Veränderung erlitten zu haben. Es ist daher durchaus nicht zum Verwundern, dass von den ersten Physikern welche dies Phänomen und die anderen ähnlichen Erscheinungen beobachtet haben, die Elektrizität so angesehen ist, als ob sie an sich selbst eine Substanz sei, als habe sie eine spezifische Existenz, als sei sie ein Fluidum. Inzwischen wird man auch in diesen äussersten Fällen nach einer aufmerksameren Prüfung finden, dass in dem Gase oder in den Enden der Kette Veränderungen stattgefunden haben. Nehmen wir an, dass das eine dieser Enden aus einem vollkommen polirten Metall gebildet ist, (das Silberblech ist die beste Substanz, welche man zu diesem Zwecke anwenden kann), und machen wir es so, dass die Entladung in verdünnter Luft, ausgegangen von einer sehr feinen Spitze, z. B. der Spitze einer gewöhnlichen Nähnadel, zu der polirten Silberplatte übergeht, so werden wir finden dass diese Platte nach und nach ihr Aussehen ändert an dem der Nadelspitze gegenüberstehenden Punkte: dieser oxydirt sich und wird nach und nach immer mehr angefressen, in dem Masse als die Entladung fortdauert.

Wenn wir jetzt das Gas verändern und an die Stelle der verdünnten Luft sehr verdünntes Wasserstoffgas setzen, während übrigens alle anderen Bedingungen die nämlichen bleiben, so wird, wenn die Entladung von Neuem vor sich geht, das Oxyd von der Platte verschwinden oder abgewaschen werden, und die Politur wird sich grossen Theiles wieder herstellen, jedoch nicht gänzlich, weil das Silber durch die Oxydation angefressen ist, wird der Punkt, welcher von der Entladung berührt wurde, im Aussehen ein wenig von der übrigen Platte abweichen.

Der Leser wird wahrscheinlich geneigt sein, folgende Frage an mich zu richten: Welches wird die hervorgebrachte Wirkung sein, wenn es vom Anfange an keine oxydirende Zwischensubstanz auf dem Wege der Entladung gibt, wenn der erste Versuch im Innern einer verdünnten Substanz gemacht ist welche nicht das Vermögen hat, chemisch auf die Platte zu wirken? Auch in diesem Falle wird eine mole-

kuläre Veränderung oder Verschiebung auf der Platte stattfinden; der Theil auf welchen die Entladung gewirkt hat,
wird ein von den umgebenden Theilen verschiedenes Aussehen darbieten, und eine weissliche Schicht, nicht unähnlich
derjenigen welche die merkurisirten Partien einer daguer-
reschen Platte bedeckt, wird allmählich auf der affizirten
Stelle der Platte durch die Entladung entstehen. Ist das
Gas ein zusammengesetztes, wie das Kohlensaure, oder ein
gemischtes, wie Sauerstoffgas und Wasserstoffgas, wenn es
also Elemente enthält die zur Herstellung einer Oxydation
oder zu einer Reduktion geeignet sind, dann wird der auf
die Platte verursachte Eindruck von ihrem positiven oder
negativen elektrischen Zustande abhängen; ist sie positiv, so
wird sie oxydirt, ist sie negativ und von Oxyd bedeckt, so
wird das Oxyd reduzirt werden. Diese Wirkung wird auch
in der atmosphärischen Luft stattfinden wenn sie stark verdünnt ist, und es ist schwer sie anders zu erklären, als durch
eine Polarisation in den Molekülen des zusammengesetzten
Gases. Wenn im Uebrigen das Metall auf einen kleinen
Punkt reduzirt wird, gebildet von einer Substanz auf welche
das Gas chemisch nicht zu wirken vermag, dann wird man
es sich abnutzen sehen unter dem Einfluss des elektrischen
Funkens. Nehmen wir somit einen Platindraht der hermetisch
in ein Glasrohr gesiegelt ist, und poliren wir das Ende des
Rohrs und des Fadens um ihnen eine glatte Oberfläche zu
geben, dergestalt dass wir der Entladung Nichts als einen
einfachen Abschnitt des Drahtes darbieten; nachdem er die
Entladung eine gewisse Zeit lang wird erlitten haben, wird
der Platindraht sich angefressen zeigen; sein Ende wird ein
wahrnehmbares Stückchen unter dem Niveau des Glases sein.
Wenn die Entladung eines solchen Platindrahtes in einem
Glase das in ein enges Röhrchen eingeschlossen ist, aufgefangen wird, so wird ein Wölkchen oder eine Schicht Platin
auf dem Theile des Röhrchens erscheinen, welcher die Spitze
des Drahtes umgibt.

Eine andere merkwürdige Wirkung, welche ich neuerdings
im Innern der verdünnten Mittel bei der elektrischen Entladung entdeckt habe, ist diese, dass die Entladung, wenn sie
zwischen den Polen von einer bestimmten Form, wie die

Spitzen eines Platindrahtes, der regelrecht an einer polirten Platte befestigt ist, hindurchgeht, gewisse Phasen oder Absätze von abwechselndem Charakter durchläuft, dergestalt dass man statt eines einförmigen Merkmals auf der polirten Platte eine Reihenfolge von konzentrischen Ringen entstehen sieht.

Priestley hat beobachtet dass nach der Entladung einer leydener Batterie auf den Endplatten sich Ringe, die aus Kügelchen von geschmolzenem Metall gebildet sind, gestalten; bei den Versuchen, welche ich im Innern verdünnter Mittel gemacht habe, waren die Ringe abwechselnde Zonen von Oxydation und von Desoxydation. So wechseln, wenn die Platte polirt ist, gefärbte Oxydringe mit Ringen ab von metallischer polirter Oberfläche, die also nicht oxydirt sind; und wenn die Platte zuvor mit einer gleichmässigen Schicht von Oxyd bedeckt ist, so wird das Oxyd auf Stellen die mit den oxydirten abwechseln, getilgt, und auf den letzteren ist seine Menge vermehrt; diese Thatsache beweist dass in der nämlichen Entladung die stufenweise und abwechselnde Wirkung positiver und negativer Elektrizität, oder der Elektrizitäten von entgegengesetztem Charakter stattfindet.

Es wäre zu voreilig wenn man sagen wollte dass bei jeder unterbrochenen elektrischen Entladung ohne Ausnahme die Oberflächen der Pole angegriffen werden. Ich hab' es gleichwol niemals anders gesehen wenn die Entladung lange genug fortgesetzt wurde und wenn die Endflächen in dem wünschenswerthen Zustande waren um die allerfeinsten Veränderungen bemerkbar machen zu können.

Die erste Frage welche sich darbieten möchte wenn man die angedeuteten Untersuchungen fortsetzen wird, dürfte wahrscheinlich diese sein: Welche Wirkung findet in dem Gase selbst statt? Hat es irgend eine Veränderung erfahren?

Zur Beantwortung dieser Frage sagen wir, man müsse bei dem gegenwärtigen Zustande unserer experimentalen Kenntnisse über diesen Gegenstand annehmen, dass nur gewisse Gase bleibende Spuren der Veränderung welche sie durch die Entladung erfahren haben zurücklassen, während die anderen, wenn sie überall verändert werden, wofür mehrere Gründe sprechen, unmittelbar nach der Entladung in den normalen Zustand zurückkehren.

In die erste Klasse können wir mehrere zusammengesetzte Gase setzen, wie das Ammoniak, das ölbildende Gas, das Protoyd des Stickstoffs, das Deutoxyd des Stickstoffs, und andere die mittelst der Entladung zersetzt werden. Die vermischten Gase verbinden sich auch chemisch unter demselben Einfluss, z. B. das Sauerstoff- und das Wasserstoffgas verbinden sich um Wasser zu bilden, die gewöhnliche Luft bewirkt die Entstehung der Salpetersäure; das Chlorgas mit Wasserdämpfen gibt Sauerstoff, das Chlor mit Wasserstoffgas Wasser etc. Aber ohne Zersetzung oder Verbindung und wo es sich blos um ein einfaches Gas handelt, kann man eine bleibende durch den elektrischen Funken bewirkte Veränderung nachweisen. So verwandelt sich der Sauerstoff unter dem Einflusse dieser Entladung theilweise in die Substanz welche man Ozon genannt hat, und die man jetzt als einen allotropischen (durch Atomverschiebung bewirkten) Zustand des Sauerstoffes ansieht; und es sind Gründe vorhanden zu glauben, dass beim Eintreten dieser Veränderung das Gas einen entschiedenen Zustand der Polarisation annimmt, dass bestimmte Theile des Gases erregt oder verändert sind; dass in einem gewissen Sinn ein Theil des Sauerstoffs vorübergehend in Bezug auf den anderen die Rolle spielt, welche für gewöhnlich in Bezug auf den Sauerstoff der Wasserstoff spielt.

Wenn die Entladung in dem leeren Raum einer guten pneumatischen Maschine durch Phosphordampf geht, so bedeckt bald eine Ablagerung von Phosphor in einem allotropischen Zustande das Innere des Rezipienten, was beweist, dass der Phosphor eine entsprechende Veränderung eingegangen ist, wie der Sauerstoff; auch in diesem Falle zeigt eine Reihe in der Entladung erscheinender Querstreifen oder Schichten, dass hier eine sehr auffallende Veränderung physischer Charaktere stattfindet, eine Veränderung die von dem Stoff abhängt durch welchen hindurch die Entladung fortgepflanzt wird. Diese Wirkungen hab ich zuerst im Jahre 1822 beobachtet, sie sind inzwischen von den Physikern des Kontinents mit grosser Sorgfalt diskutirt, aber man hat davon noch keine rationelle Erklärung gegeben.

Es gibt mehrere Gase die keine bleibende Veränderung an den Tag legen, oder, was wahrscheinlich der Fall ist, deren durch die Entladung bewirkte Veränderungen noch nicht nachgewiesen sind. Selbst für diese Gase beweisen die Unterschiede der Farbe, der Länge oder der Stellung eines oder mehrerer dunkler Stellen die sich in der Entladung zeigen, dass die vermittelnde Substanz von einem Orte zum anderen verschieden ist. Keiner hat jemals gefunden, dass die Entladungen an sich in dem gesammten, ihrem Einflusse unterworfenen Stoffe eine Gewichtsvermehrung hervorbringt, oder dass sie deren Gewicht vermindert; keiner hat das Vorhandensein einer Flüssigkeit festgestellt; hier sind blos Erscheinungen die für das Gesicht wahrnehmbar sind, von denen man Rechenschaft geben kann durch die Veränderungen welche in der von der Entladung getroffenen Materie vor sich gehen.

Hier und überall hab' ich mich allgemein angenommener Wörter bedient, wie diejenigen: „Materie, die von der Entladung erregt wird," etc., ungeachtet in der Anschauungsweise, welche ich vorschlage, die Entladung selbst diese Erregung der Materie ist; und die Thatsache, dass diese Wörter aus meiner Feder fliessen, ist, für mich wenigstens, ein schlagender Beweis für die Knechtschaft, in welcher die Ideen von den Worten gehalten werden, indem ich, um eine von den herkömmlichen verschiedene Ansicht auszudrücken, gezwungen gewesen bin, mich solcher Ausdrücke zu bedienen, welche die herkömmlichen Meinungen in sich führen.

Gehen wir jetzt zu den Wirkungen über, welche die Uebertragung der Elektrizität hervorbringt, wenn sie durch die am Besten leitenden Körper hindurchgeht, wie die Metalle und die Kohle; ungeachtet wir jetzt noch nicht genau den Charakter der Bewegung definiren können, welche ihren Molekülen mitgetheilt wird, so haben doch mehrere Versuche nachgewiesen, dass im Innern dieser Substanzen, wenn sie dem Einfluss der Elektrizität unterworfen werden, eine Veränderung stattfindet.

Lassen wir die Entladung einer leydner Flasche oder Batterie durch einen Platindraht gehen, zu dick, als dass er von der Entladung geschmolzen werden könnte und frei von aller Zwängung, so werden wir finden, dass der Draht sich verkürzt; er hat eine moleküläre Veränderung unter der Einwirkung einer Kraft erfahren, die anscheinend senkrecht auf seine Länge wirkt. Setzt man die Entladung fort, so erhebt er sich in kleinen Falten oder winkligten Unregelmässigkeiten. Es geht ebenso bei der voltaschen Elektrizität: man stelle einen Platindraht in einen Trog von Porzellan, dergestalt, dass er beim Schmelzen in der Lage bleiben kann, welche er im festen Zustande hatte: dann mache man ihn glühend durch das Hindurchgehen des Stromes. Wenn er den Schmelzungspunkt erreicht hat, so zerreisst er in Stücken, deren Stellung eine Zusammenziehung im Sinne seiner Länge anzeigt, und folglich eine Ausdehnung, eine Zunahme in der Breite. Machen wir den nämlichen Versuch mit einem Bleidraht, welchen man leichter im geschmolzenen Zustande erhalten kann: man wird den Draht sich in Knoten erheben sehen, die sich an einander drücken, wie Körner einer weichen Substanz, die in Form einer geradlinigen Schnur angeordnet sind, wenn man sie in der Länge zusammendrückt.

Nehmen wir bei diesen Versuchen die Drähte von grösserer Dicke, ohne die Kraft der Säule verhältnissmässig zu erhöhen, dann wird der hervorgebrachte Effekt weniger wahrnehmbar; aber selbst in diesem Falle sind wir in der Lage, nachweisen zu können, dass die Uebertragung der Elektrizität von einer molekülären Veränderung begleitet gewesen ist: die Drähte werden um so weniger erhitzt, je grösser ihre Dicke ist; wenden wir aber um so feinere Messwerkzeuge an, je geringer die Wärmeerscheinungen sind, so können wir bis ins Unbestimmte die Temperaturzunahme nachweisen, von welcher der elektrische Strom begleitet ist; nun findet aber nothwendig überall, wo eine Temperaturerhöhung vor sich geht, eine Ausdehnung statt oder eine Veränderung in der Lage der Moleküle.

Im Uebrigen hat man beobachtet, dass die Drähte, durch welche lange Zeit die Elektrizität hindurchgegangen ist, wie diejenigen, welche als Leiter der atmosphärischen Elektrizität dienen, in ihrer Struktur Veränderungen erfahren und brüchig werden. Bei dieser Beobachtung, ungeachtet sie von einem sehr erfinderischen Physiker gemacht ist, von Herrn Peltier, hat man nicht genugsam den Einfluss der Atmosphäre, den Temperaturwechsel etc. in Rechnung gebracht, um ihr ein volles Vertrauen schenken zu können. Es gibt jedoch andere Versuche, die beweisen, dass die Elastizität der Metalle durch den Durchgang des elektrischen Stroms verändert wird.

So ist es Herrn Wertheim gelungen, durch eine Reihe mit grösster Sorgfalt gemachter Versuche nachzuweisen, dass der Elastizitätscoeffizient der Metalldrähte eine vorübergehende Verminderung erleidet, während sie den elektrischen Strom durchlassen, eine Verminderung, die unabhängig ist von der durch den Strom verursachten Temperaturerhöhung.

Herr Dufour hat neuerdings eine beträchtliche Anzahl von Versuchen gemacht in der Absicht zu untersuchen, ob durch die Elektrisirung eine andauernde Veränderung in den Metallen bewirkt wird. Er ist zu dem merkwürdigen Resultate gekommen, dass bei einem Kupferdraht, durch welchen ein schwacher Strom mehrere Tage hindurchgegangen ist, die Festigkeit wahrnehmbar abgenommen hat, während umgekehrt bei einem Eisendraht die Festigkeit zunimmt; dass diese Wirkungen deutlicher sind, wenn die Drähte lange Zeit elektrisirt worden, 19 Tage, als wenn sie es während einer kürzern Zeit sind, 4 Tage. Der Kupferdraht war in diesen Versuchen nicht ganz rein, so dass die Wirkung, zum Theil wenigstens, seinem gemischten Zustande zugeschrieben werden kann; bei dem Eisen hat wahrscheinlich der magnetische Zustand des Metalls auch einigen Einfluss ausgeübt, und kann dazu dienen, den entgegengesetzten Charakter der über diese zwei Metalle festgestellten Resultate zu erklären.

Herr Matteucci hat Versuche gemacht über die Leitungsfähigkeit der Elektrizität durch das Wismut hindurch, in paralleler oder senkrechter Richtung zu derjenigen der Haupt-Spaltungsfläche, und er hat gefunden, dass das Wismut die Elektrizität und die Wärme besser in der Spaltungsfläche als in der senkrechten Richtung leitet.

Die Thatsache, dass die moleküläre Struktur oder Anordnung der Körper das Leitungsvermögen beeinflusst, ich könnte sagen bestimmt, wird auf keine Weise durch die Theorie erklärt, welche aus der Elektrizität ein Fluidum macht, während wenn die Elektrizität bloss eine Uebertragung von Kraft oder Bewegung ist, der Einfluss des moleculären Zustandes gerade das ist, was er sein soll. Die Kohle, im Zustande eines durchsichtigen Krystalls, oder in Form des Diamants, nimmt fast die erste Stelle ein unter den bekannten nichtleitenden Körpern, während sie im undurchsichtigen und amorphen Zustande in Form von Graphit oder gewöhnlicher Kohle fast die erste Stelle unter den Leitern einnimmt; so lässt sie also in dem einen ihrer Zustände das Licht hindurch und hemmt die Elektrizität, in dem andern lässt sie die Elektrizität hindurch und hemmt das Licht.

Es gibt einen Umstand, der wert ist, angemerkt zu werden, dass nämlich eine Anordnung der Moleküle, die einen festen Körper tauglich macht, das Licht hindurchzulassen, sehr ungünstig für die Leitung der Elektrizität ist; die durchsichtigen festen Körper sind sehr unvollkommene Leiter der Elektrizität; ebenso lassen alle Gase leicht das Licht durch und werden zu den schlechten Leitern der Elektrizität gerechnet, wenn sie gleich, das Wort strenge genommen, zu den Leitern gerechnet werden können.

Die Leitung der Elektrizität durch die verschiedenen Klassen der Körper ist allgemein als eine Frage des Grades, des Mehr oder Weniger angesehen worden; so werden die Metalle als die vollkommensten Leiter angesehen, die Kohle als ein mittlerer Leiter, das Wasser und die übrigen Flüssigkeiten als unvollkommene Leiter. Aber thatsächlich, ungeachtet bei dem einen und dem andern Metalle die Art der Uebertragung im Grunde die nämliche ist, und der Unterschied bloss ein Unterschied des Grades ist, so wird man doch, wenn man die Metalle mit den elektrolytischen Flüssigkeiten und diese mit den Gasen vergleicht, eine tiefe Verschiedenheit in den molekülären Wirkungen erkennen.

Die verdünnten Gase können, in einem gewissen Sinn, als Nichtleiter, in einem anderen als Leiter angesehen werden; so wenn die elektrische Abstossung Goldblättchen beim gewöhnlichen Luftdruck auseinander getrieben hat, fallen sie nach sehr kurzer Zeit zurück; während sie in stark verdünnter Luft, die man gewöhnlich das Leere nennt, mehrere Tage lang aus einander weichend bleiben; im Uebrigen geht Elektrizität von einer gewissen Spannung leicht durch verdünnte Luft, und geht mit Schwierigkeit durch Luft von der gewöhnlichen Dichtigkeit.

Ausserdem bemerkt man, wenn die elektrischen Endspitzen

in den Zustand sichtbaren Glühens gebracht sind, Symptome
der Uebertragung der Elektrizität von schwacher Spannung
durch die Gase hindurch, aber man hat ähnliche Wirkungen
bei niederer Temperatur nicht konstatirt. Alles, was ich oben
gesagt habe, liefert einen mächtigen Beweis zu Gunsten der
Ansicht, welche will, dass die Uebertragung der Elektrizität
durch Gase hindurch sich durch eine Art abgebrochener
Entladungen macht, und nicht durch eine Leitung ähnlich
derjenigen, welche bei den Metallen stattfindet oder bei den
Elektrolysen.

Die gewöhnlichen Anziehungen und Abstossungen der
elektrisirten Körper, wenn man sie als Wirkungen eines Wechsels im Zustande oder in den Bezügen erregter Materie ansieht, bieten nicht mehr Schwierigkeiten, als man findet, um
die Anziehung der Erde durch die Sonne, oder einer schweren Kugel durch die Erde zu erklären. Die Hypothese eines
Fluidums ist nicht für nöthig erachtet, um über diese letztere
Klasse von Erscheinungen Rechenschaft zu geben. Wie gehen
die Erscheinungen vor sich, welchen man den Namen der Anziehung gegeben hat? Dies ist immer noch ein Geheimniss.
Newton, indem er davon spricht, hat gesagt: „Was ich Anziehung nenne, kann durch Stoss oder durch andere mir unbekannte Mittel hervorgebracht werden. Ich bediene mich
dieses Wortes bloss um im Allgemeinen jede Kraft zu
bezeichnen, durch welche die Körper zu einander hin trachten, welches auch die Ursache dieses Trachtens sein mag.“
Wenn wir voraussetzen, dass ein Fluidum bei den Anziehungen und Abstossungen mit im Spiele ist, so muss
dies imponderable Fluidum die Materie mit sich fortreissen
oder sie treiben; so wenn wir einen Luftstrom aus einer
elektrisirten Metallspitze ausströmend fühlen, wird jedes an
die Spitze angrenzende Luftmolekül fortgestossen, ein anderes
nimmt seinen Platz ein und wird ebenfalls fortgestossen: wie
kann ein hypothetisches Fluidum uns dazu dienen, dies Phänomen zu erklären? Wenn wir sagen, dass das hypothetische
Fluidum sich selbst abstösst, oder dass die gleichnamigen Elektrizitäten sich abstossen, so sind wir gezwungen weiter zu
gehen und zu behaupten, dass sie sich nicht bloss einander
selbst abstossen, sondern dass sie ihre abstossende Kraft den

Luftpartikeln mittheilen, oder die letzteren auf ihrem Wege mit sich fortreissen. Ist es nicht bequemer anzunehmen, dass das Lufttheilchen sich in einem solchen Zustande befindet, dass die gewöhnlichen Kräfte wodurch es im Gleichgnwicht erhalten wird, durch die elektrische Kraft gestört werden, oder durch Kräfte, die in einer bestimmten Richtung auf sie wirken, und dass so jedes Lufttheilchen seinerseits sich von der Spitze entfernt? Wenn die zuletzt genannte Kraft zunimmt (die Elektrizität), dann sind es nicht bloss mehr die an die Metallspitze angrenzenden Lufttheilchen, welche sich von jener entfernen: die Cohäsionskraft der zuäusserst gelegenen Metalltheilchen kann stark genug erschüttert werden um dass sie sich ablösen und der elektrische Funke oder der elektrische Büschel kann theilweise oder ganz von den entführten Metalltheilchen gebildet werden. Es ist einiger Grund vorhanden zu glauben, dass es sich so verhält, ungeachtet diese Erklärung noch nicht als beweisbar erachtet werden kann. Eine ähnliche Wirkung ereignet sich mit der voltaschen Elektrizität wenn man sie auf eine in eine Flüssigkeit getauchte Spitze wirken lässt: werden die Endspitzen einer starken voltaschen Säule in Wasser getaucht, so löst sich das Metall oder das Oxyd des Metalls heftig ab, und eine grosse Wärme erzeugt sich am Punkte der Trennung.

Wenn wir die Wirkungen der Elektrizität in der thierischen Oekonomie betrachten, so finden wir, dass die erste auf Gründe gestützte Erklärung der dadurch bei lebenden oder frischgetödteten Thieren erzeugten Krampfzufälle die war: die Elektrizität selbst, etwas Substantielles, wäre durch den Körper gegangen und habe diese Zusammenziehungen entstehn gemacht; wir gelangen jetzt Schritt vor Schritt zu der Ueberzeugung, dass die sich berührenden Theilchen der Nerven und Muskeln durch die Elektrizität erregt werden. Die Reizbarkeit des Nerven, oder sein Vermögen Muskelzusammenziehungen hervorzubringen wird geschwächt oder zerstört durch den Durchgang der Elektrizität in einer bestimmten Richtung, während sie gesteigert wird durch Durchgang in entgegengesetzter Richtung, was beweist dass die Fasern oder die Substanz der Nerven selbst durch die Elektrizität verändert wird, und verändert auf eine den sonstigen Wirkungen der Elektrizität entsprechende Weise.

Gewisse Theile der Muskeln oder der Nerven bieten verschiedene elektrische Zustände dar, verhältnissmässig zu den anderen Theilen des nämlichen Muskels und des nämlichen Nerven; so spielt der äussere Theil des Nerven in Bezug auf den inneren Theil die nämliche Rolle welche das Platin in Bezug auf das Zink in der voltaschen Säule spielt; und ein feines Galvanoskop zeigt elektrische Wirkungen an wenn es eine leitende Verbindung zwischen der Oberfläche des Nerven und seinem Innern herstellt. Herr Matteucci hat bewiesen dass man eine Art voltascher Säulen aus Muskelstücken bilden kann, die so angeordnet sind, dass die äussere Seite des einen Stücks die innere Seite des andern Stücks berührt, und so weiter fort.

Endlich sind die durch die Elektrizität erzeugten magnetischen Wirkungen selbst der Beweis einer eingetretenen Veränderung in dem molekülären Zustande der von ihr erregten magnetischen Substanz, wie wir dies beweisen werden wenn wir vom Magnetismus handeln.

Ich habe alle bekannten Klassen elektrischer Phänomene nach einander einer Rundschau unterworfen, und so weit mein Urtheil reicht, gibt es keine einzige elektrische Erscheinung wo man nicht eine moleküläre Veränderung nachweisen könnte, und somit sind uns, mit Ausnahme des Falles wo man nur mit ausserordentlich geringen Stoffmengen experimentirt und wo uns die Mittel der Analyse fehlen, die elektrischen Wirkungen nur bekannt als Veränderungen der gewöhnlichen Materie.

Es scheint mir ebenso leicht, sich vorzustellen, dass diese Wirkungen aus einer Kraft entspringen die in bestimmten Richtungen thätig ist, als durch ein Fluidum das keine unabhängige und wahrnehmbare Existenz hat, und wovon man annehmen muss dass es verbunden ist und zum Ursprunge dient einer Kraft die auf die gewöhnliche Materie wirkt oder auf eine Materie anderer Art als die zu welcher das behauptete Fluidum gehört. In dem Masse als man sich die Idee eines hypothetischen Fluidums näher ansieht, löst sie sich mehr und mehr in Nichts auf und geht in die Idee einer Kraft über. Die Hypothese einer Materie ohne Gewicht ist an sich, so denk' ich, ein für die Theorie der elektrischen Fluida verhängnissvoller Einwurf, und dieser Einwurf verschwindet gänzlich wenn man die Elektrizität wie eine Kraft ansieht und nicht wie eine Materie.

Wenn man darauf beharrt dass die Wirkungen welche wir studirt haben wol durch ein Fluidum erzeugt sein können, und dass dies Fluidum auf die gewöhnliche Materie in gewissen Fällen wirkt, indem es die Materie, welche seinem Einfluss ausgesetzt ist, polarisirt, oder ihren Molekülen eine bestimmte Richtung gibt, während sie in anderen Fällen durch ihre anziehende und abstossende Kraft Theilchen der Materie mit sich fortreisst, dann machen wir darauf aufmerksam dass, wenn dies Fluidum an sich selbst nicht geeignet ist, durch ein Reagenzmittel nachgewiesen zu werden, wenn es nicht anders nachgewiesen werden kann als durch die Veränderungen welche es in der wägbaren Materie hervorbringt, dass die Wörter Fluidum und Kraft in der Vorstellung dann in Eins verschmelzen, und wir würden das Recht haben zu sagen dass die durch die Schwerkraft entstehende Anziehung, welche eben die Schwerkraft darstellt, ebenso gut durch ein Fluidum entsteht als die elektrischen Veränderungen.

Wenn wir, wie dies beständig in der gewöhnlichen Redeweise geschieht, von einem Hause sagen dass es getroffen, von einem Glase dass es zerbrochen, vom Metalle dass es geschmolzen oder verflüchtigt wird durch das elektrische Fluidum, würden die Ausdrücke, deren wir uns dann bedienen, wenn sie nicht durch die Gewohnheit geheiligt wären, nicht widersinnig erscheinen? In allen Fällen von Zerstörung welche die Elektrizität verursacht, nimmt man kein Fluidum wahr; der behauptete Schwefelgeruch entsteht, wo in der atmosphärischen Luft durch die Thätigkeit der Elektrizität Ozon erzeugt wird, oder Dämpfe einer durch die Entladung verflüchtigten Substanz. Von einer anderen Seite scheint es mehr mit der Erfahrung im Einklange zu sein wenn man diese Wirkungen als durch Kräfte entstanden ansieht, da wir doch analoge durch anerkannte Kräfte erzeugte Wirkungen haben, und dies unter Umständen wo wir zu ihrer Erklärung kein hypothetisches Fluidum herbeiziehen können. Zum Beispiel können Gläser ebenso gut durch Tonschwingungen zerbrochen werden als durch elektrische Entladungen. Elektrisirte und magnetisirte Metalle können einen Ton von sich geben, ebenso gut als sie eine musikalische Note hören lassen wenn eine solche in ihrer Nachbarschaft der Art vibrirt dass sie einen Einklang bilden können.

Auch können chemische Zerlegungen in Fällen schwacher Verwandtschaft durch reine mechanische Ursachen hervorgebracht verden. Herr Becquevel hat eine gewisse Zahl von Beispielen dieser Art von Zerlegungen gesammelt, und man weiss dass die Substanzen, deren constituirende Elemente durch schwache Verwandtschaften verbunden sind, wie das Stickstoffjodür, durch die Vibrationen welche der Ton erzeugt, zerlegt werden können.

Sieht man die Elektrizität, statt sie für ein Fluidum oder für eine unwägbare Materie eigenthümlicher Art, sui generis, zu halten, so an, als wäre sie die Bewegung eines Aethers, so stösst man wieder auf die nämlichen Schwierigkeiten. Nehmen wir an, dass dieser Aether in die Poren aller Körper dringt, wird er dann selbst ein Leiter oder Nichtleiter sein? Ist er Nichtleiter, d. h. vermag der Aether nicht, die electrische Welle fortzupflanzen, so fällt die elektrische Aethertheorie ohne Gnade; wenn dagegen die Bewegung des Aethers Dasjenige ist, was wir Leitung der Elektrizität nennen, so müssen die grössten Körper, d. h. diejenigen, welche am durchdringlichsten für den Aether sind, auch die besten Leiter sein. Nun aber ist dies nicht Dasjenige, was stattfindet. Was mehr ist: wenn das Metall und die umgebende Luft alle beide vom Aether durchdrungen werden, wie kommt es dann, dass die elektrische Welle den Aether in dem Metall und nicht in dem Gase erschüttert? Um die Aethertheorie der Elektrizität aufrecht zu erhalten, muss man ihr die Zuthat einiger anderen Theorieen geben, die schwer miteinander vereinbar sind.

Das Zerbrechen und die Verflüchtigung eines leichtleitenden Körpers, die Schmelzung oder das Zerstreutwerden eines Metalldrahtes durch die elektrische Entladung, sind Wirkungen, die ebenso schwer verständlich bleiben bei der Theorie eines vibrirenden Aethers als bei der Fluidumstheorie, während es nothwendige Resultate des plötzlichen Umschwungs bei der molekulären Polarisation, oder einer plötzlichen, vielleicht unregelmässigen Vibrationsbewegung der Materie selbst ist. Wir sehen ähnliche Wirkungen bei den Tonvibrationen entstehen, die man Leitung oder Nichtleitung des Schalles nennen könnte. Ein Körper leitet den Schall leicht, ein anderer hält ihn auf oder erstickt ihn, d. h. er zerstreut seine Schwingungen, statt sie in der Richtung des ursprünglichen Anstosses fortzusetzen; und feste Körper können, wie oben erwähnt wurde, durch den plötzlichen Stoss des Schalls zerbrochen werden, in dem Falle wo alle Theile nicht gleichmässig die undulirende Bewegung fortpflanzen können.

Die Geschichte des Fortschritts der physischen Philosophie kann, bis auf einen gewissen Punkt, uns den Grund angeben, weshalb die ersten Physiker, von welchen über die Elektrizität Meinungen aufgestellt sind, die Fluidumstheorie angenommen haben.

Die Alten, wenn sie Zeugen eines natürlichen Phänomens ohne Analogie mit gewöhnlichen Erscheinungen waren, das sie durch keine ihnen bekannte mechanische Thätigkeit erklären konnten, schrieben es einem Geist zu, einer geistigen, übernatürlichen Macht. Aus diesem Grunde hat Thales dem Bernstein und dem Magnet eine Seele beigeleiht, ebendarum schreibt Parazelsus die Funktionen der Verdauung, der Ernährung, etc., der Thätigkeit eines Geistes zu.

Nach und nach wurden die Luft und die Gase, aus denen man zuerst geistige Wesen machte, mit einem mehr materiellen Charakter umkleidet, und das Wort „Gas,“ welchem das deutsche Wort Geist, Seele zur Wurzel dient, bietet uns ein Beispiel des allmäligen Uebergangs der spiritualistischen Vorstellung zum physischen Begriff.

Der von Torricelli gegebene Beweis des schweren Charakters der Luft und der Gase, zeigte, dass Stoffe, welche man für geistig und für wesentlich von der schweren Materie verschieden gehalten hatte, mit den Attributen der letzteren ausgestattet waren. Es entsprang daraus eine weniger abergläubische Art zu urtheilen; und die luftförmigen Flüssigkeiten werden gegenwärtig in mehreren ihrer Thätigkeiten als gleich-

artig angesehen mit den bekannten Flüssigkeiten oder Fluidums. Der Glaube an die Existenz anderer Fluida, die sich
von der Luft unterscheiden, wie diese vom Wasser, nahm in
der Folge zu, und wenn ein neues Phänomen sich zeigte, so
nahm man, um es zu erklären, seine Zuflucht zu einem hypothetischen Fluidum, das man mit den anderen in Verbindung setzte; einmal von der Idee eines Fluidums ergriffen,
hatte der Geist sie bald mit den nöthigen Fähigkeiten und
Eigenheiten umkleidet, und er pfropfte auf sie eine wuchernde
Vegetation von Sprossen der Einbildungskraft.

In Demjenigen, was ich soeben angemerkt habe, wünsche
ich mich gegen den Vorwurf zu vertheidigen, welchen man
mir machen könnte, dass ich behaupte, der Fortschritt der
Theorie, vom geschichtlichen Gesichtspunkt betrachtet, sei
genau den Entdeckungen gefolgt, welche genug Tragkraft
hatten, um den Charakter der Theorie wechseln zu machen;
zuweilen geht eine Entdeckung den Veränderungen im Allgemeinen Verlaufe der Ideen voran, andre Male folgt sie
ihnen; in noch anderen Fällen und vielleicht am Häufigsten
thut sie beides. Dies will sagen, dass die Entdeckung das Resultat des Zeitgeistes einer Epoche und der anhaltenden Verbesse-
rungen ihrer Untersuchungsmethoden ist, und dass sie, als sie
gemacht wurde, die Ansichten erweiterte, welche zu ihr führten. Ich glaube, dass die Gedankenphasen, durch welche die
physikalischen Philosophen hindurchgegangen sind, im Allge-
gemeinen die von mir angezeigten sind; und dass die
allmälige Anhäufung von Entdeckungen, welche in den neuen
Zeitepochen zu Stande gekommen ist, indem sie zeigt, welche
Wirkungen blosse dynamische Ursachen hervorzubringen im
Stande sind, reissend zu einer allgemeinen dynamischen
Theorie treibt, in welche die Theorie der Imponderabilien
zuletzt mit aufgeht.

Ausgehend von der Elektrizität als Anfangskraft, die alle
anderen Erregungen der Materie ins Leben rufen kann, treffen wir zuerst die Bewegung, welche sie direkt unter verschiedenen Formen erzeugt, z. B. die Anziehung und die Abstossung der Körper, bewiesen durch die beweglichen Elektrometer, wie dasjenige von Cuthbertson, bei welchem grosse

Massen in Bewegung gesetzt sind, die Drehung eines Flügelrades, eine andere Form der elektrischen Abstossung, etc., das sind Arten der greifbaren und sichtbaren Bewegung.

Es scheint, man könne mehrere merkwürdige Folgerungen aus der Doktrin, dass die Elektrizität in Bewegung oder in mechanische Kraft verwandelt wird, ableiten.

Man kann mehrere Fälle zitiren, bei welchen nicht vorausgesetzt wird, dass dabei Elektrizität verloren gehe und wo gleichwol die Erzeugung einer gewissen mechanischen Kraft vorhanden ist. Wenn zum Beispiel eine Kugel oder ein elektrisches Pendel zwischen zwei elektrischen Leitern, einem positiven und einem negativen, oscillirt, so veranlasst uns keine einzige gangbare Theorie der Elektrizität zu glauben, dass einiger Unterschied stattfindet an aktiver übertragner Elektrizität, wenn das Pendel an einen Hebel befestigt wird, der die Bewegung auf ein Rad überträgt oder einen anderen mechanischen Effekt hervorbringt.

Ich bin neuerdings auf einen Versuch neuer Art verfallen, den ich zuerst in einer meiner Zusammenkünfte im königl. Institut von London gemacht habe, und den ich hier beschreiben will, als geeignet der Theorie zur Stütze zu dienen, welche will, dass ein Verlust an elektrischer Kraft stattfindet, wenn die Elektrizität eine positive mechanische Arbeit hervorbringt. Der Versuch wird auf folgende Weise gemacht: Eine grosse leydner Flasche steht durch ihren innern Beleg mit einem cuthbertsonschen Elektrometer in Verbindung; zwischen das Elektrometer und den äussern Beleg der Flasche stellt man ein Paar Entladungskugeln in einiger Entfernung von einander auf; zwischen der grossen leydner Flasche und dem Hauptleiter der elektrischen Maschine bringt man eine andere kleine leydner Flasche an, welche man Massflasche (Einheitsflasche) nennen könnte, weil sie dazu dient, gewissermassen die Elektrizität zu eichen, womit die grosse Flasche sich füllt. Dies gethan, so fixirt man die Wage des Elektrometers mit einem straffen Draht zwischen den anziehenden Knöpfen, und man ladet die grosse leydner Flasche durch eine Reihe von Entladungen der Massflasche. Nach einer gewissen Anzahl von Entladungen dieser kleinen Flasche, entladet sich auch die grosse Flasche in dem Zwischenraum, welcher die beiden

Entladungskugeln trennt; diese Entladung in einer gemessnen Entfernung kann als eine Art Mass der elektrischen Kraft angesehen werden, welche die grosse Flasche von der Massflasche empfangen hat. Man wiederholt in der Folge den Versuch, nachdem man den straffen Faden zwischen den anziehenden Knöpfen zurückgezogen hat; hierdurch eben werden, indem die wieder frei gemachten Knöpfe sich elektrisch anziehen und abstossen, das Ausschlagen der Wage und die Erhebung des Gewichtes eröffnet, dergestalt, dass bei dieser Anordnung eine gewisse mechanische Arbeit eintritt; in dem Moment also, wo die grosse Flasche die nämliche Anzahl von Entladungen der kleinen als bei dem ersten Versuch empfangen hatte, mithin die nämliche Menge von Elektrizität, da schwankte die Wage, einer der beweglichen Knöpfe suchte den andern auf; aber es fand keine Entladung der grossen Flasche mehr statt, innerhalb des Zwischenraums der die beiden Entladungskugeln trennt, welche mit dem Beleg der grossen Flasche in Verbindung stehen, was beweist, dass einige Elektrizität verloren gegangen ist oder sich in die mechanische Arbeit verwandelt hat, welche die Wage schwanken machte und das Gewicht in die Höhe hob. Bei einer anderen Erklärungsweise dieses Versuches könnte man sagen, dass die Elektrizität maskirt worden ist, dass sie in einen ähnlichen Zustand übergegangen ist, als die latente Wärme, dass sie dagegen wiedererscheint oder sich wiederherstellt, wenn man durch eine äussere Kraft die beiden Knöpfe in ihre Gleichgewichtslage zurückführt.

Ungeachtet dieser Versuch in vollkommenem Einklange ist mit der Theorie, so würd' es doch zu voreilig sein, wenn man ihm ganz vertrauen wollte, bevor er nicht mit noch feineren Werkzeugen wiederholt ist. Inzwischen ist es sehr schwer einzusehen, wie wir nicht in die Unmöglichkeit einer aus Nichts erzeugten Kraft oder der beständigen Bewegung gerathen sollen, wenn die Erhebung eines Gewichtes ohne Verlust von Elektrizität soll stattfinden können, da doch das Gewicht, wenn es herabfällt, Elektrizität oder eine neue Kraft erzeugen kann.

Der eben beschriebene Versuch kann den Weg angeben zu ähnlichen Versuchen, die man in's Unendliche variiren kann. So hab' ich gefunden, dass zwei Kugeln, welche man verhindert, unter dem Einfluss der Elektrizität aus einander zu weichen, auf den Elektrometer eine grössere Menge Elektrizität übertragen als wenn man sie, während sie elektrisirt werden, auseinander weichen lässt. Dies ist der Wechselfall der voraufgegangenen Darstellung.

Die Elektrizität bringt unmittelbar die Wärme hervor, wie man dies an dem Metalldraht sieht der beim elektrischen Funken und beim voltaschen Bogen durch den Durchgang des Stromes glühend wird; jener Bogen ist die Quelle der allerstärksten künstlichen Hitze, welche wir bis jetzt kennen, einer so hohen Hitze, dass sie nicht gemessen werden kann, dass sie jede Art Stoff schmilzt und verflüchtigt.

Bei dem Phänomen des elektrischen Glühens, wie es in dem, die Pole einer Säule verbindenden, Draht zu Tage tritt, wird das Verhältniss von Kraft zum Widerstand und das Wechselverhältniss der beiden Kräfte, Elektrizität und Wärme, auf eine schlagende Weise bewiesen. Man verbinde durch einen feinen Platindraht die Pole einer angemessen starken voltaschen Säule; der Draht wird glühend werden und in den Zellen der Säule wird eine gewisse Menge chemischer Thätigkeit rege; eine bestimmte Menge Zink löst sich auf und in einer gegebenen Zeit wird eine bestimmte Menge Wasserstoff frei gemacht. Wenn wir jetzt den Platindraht in Wasser tauchen, so wird die Wärme, welche der Strom mit sich führt, im Wasser sich schneller zerstreuen, und wir werden finden, dass die chemische Thätigkeit in der Säule plötzlich zunimmt, dass eine grössere Menge Zink aufgelöst wird und in der nämlichen Zeit mehr Wasserstoff entweicht; wird die Wärme durch das Wasser entfernt, indem man das letztere fliessen lässt, so bedarf es noch mehr der chemischen Thätigkeit um sie zu erzeugen, genau so wie es mehr Brennstoff erfordert in dem Masse wie die Verdünstung schneller wird.

Verändern wir den Versuch und anstatt den Draht in Wasser zu stellen, bringen wir ihn in's Innere einer Weingeistlampe, dergestalt, dass die Kraft der Wärme, um sich zu zerstreuen, einen grössern Widerstand zu überwinden hat: wir werden dann finden, dass die chemische Thätigkeit min

der ist, als in dem ersten oder Normalversuch. Wird der
Draht in's Innere von anderen gasförmigen oder flüssigen
Stoffen gebracht, so werden wir sehen, dass die chemische
Thätigkeit in der Säule der Leichtigkeit, womit die Wärme
durch das Mittel zirkulirt oder strahlt, proportional ist, und
wir werden so eine abwechselnde Gegenseitigkeit der Wirkung zwischen diesen zwei Kräften herstellen. Eine ähnliche
Gegenseitigkeit kann nachgewiesen werden zwischen der
Elektrizität und der Bewegung, zwischen dem Magnetismus
und der Bewegung, und so zwischen den anderen Kräften.
Wenn sie noch nicht mit allen kann hergestellt werden, so
rührt dies wahrscheinlich daher, dass wir noch nicht die
störenden und interferirenden Thätigkeiten vermieden haben.
Ueberlegen wir diesen Gegenstand sorgfältig, so gelangen wir,
wenn ich mich nicht sehr täusche, zu der Folgerung, dass
dies gar nicht anders sein kann, wofern wir nicht voraussetzen, dass die Kraft aus Nichts entstehen, oder ohne eine
vorausgehende Kraft existiren kann.

Bei den Erscheinungen des voltaschen Bogens und des
elektrischen Funkens, auf welche ich schon die Aufmerksamkeit gelenkt habe, bringt die Elektrizität unmittelbar das
Licht in der allergrössten bekannten Stärke hervor. Sie
bringt unmittelbar den Magnetismus hervor, wie dies Oerstedt
gezeigt hat, der zuerst deutlich die Verbindung zwischen
Elektrizität und Magnetismus nachgewiesen hat. Diese beiden Kräfte wirken eine auf die andere, nicht in grader Richtung, wie alle anderen bekannten Kräfte, sondern in einer
senkrechten Richtung, d. h.: die von der dynamischen Elektrizität erregten Körper haben die Tendenz, den Magnet in
einen rechten Winkel mit sich zu stellen, und umgekehrt
trachten die Magnete die Leiter der Elektrizität rechtwinklig
zu sich zu stellen. So scheint denn ein elektrischer Strom
eine magnetische Wirkung in einer Richtung auszuüben, die
seine eigene Richtung rechtwinklig schneidet; oder vorausgesetzt, dass sein Verlauf ein Zirkel ist, in der Richtung der
Tangente zu diesem Zirkel; wenn wir also die Stellung um-
kehren und den elektrischen Strom zwingen, eine Reihe von
Tangenten zu einem vorgestellten Zylinder zu bilden, so wird
dieser Zylinder ein Magnet sein. Man stellt diese Wirkung

in der Praxis dadurch her, dass man einen Draht in Form
einer Schraubenwindung oder einer Spirale aufwickelt; diese
Schraubenwindung und diese Spirale sind, wenn ein elektrischer Strom sie durchläuft, in jeder Hinsicht und zu allen
Zwecken ein wahrer Magnet. Ein Kern von weichem Eisen
in die Axe einer solchen Schraube gebracht, hat die Eigenschaft, die magnetische Kraft zu konzentriren, und wir können dadurch, indem wir die Verbindung mit der Elektrizi-
tätsquelle herstellen oder aufheben, in einem Augenblick
einen Magnet machen oder zerstören.

Wir können uns die elektrisirte und magnetisirte Materie
so denken, als bildete sie Linien, deren Enden sich in einer
bestimmten Richtung abstossen; so werden also, wenn eine
Linie A B einen elektrisch erregten Draht vorstellt, gelagert
über einem magnetisch affizirten Draht C D, die äussersten
Spitzen A und B sich in die grösste Entfernung von den
Spitzen C und D stellen, das will sagen: in einen rechten
Winkel mit derjenigen Linie, welche sie verbindet; und wenn
die zwei Linien in eine gewisse Zahl Unterabtheilungen ein-
zelner Elemente von bestimmter Ausdehnung zerlegt werden,
so wird jedes Element des ersten Drahtes seine zwei Enden
oder seine zwei Pole haben, welche die Pole der Elemente
des anderen Drahtes abstossen. Ist die von der Elektrizität
erregte Linie eine Flüssigkeit, und haben somit ihre Theilchen eine vollkommene Beweglichkeit, so wird der Magnet
auf sie die Wirkung haben, dass eine anhaltende Bewegung
in ihr entsteht, indem jedes Theilchen der Reihe nach, so zu
sagen, zu entfliehen strebt, und dies in der Richtung der
Tangente zum Magnet. Ebenso stelle man eine flache Scheibe
mit gesäuertem Wasser auf die Pole eines starken Magnets,
tauche die Pole einer voltaschen Säule in die Flüssigkeit,
genau über den magnetischen Polen, dergestalt, dass die
elektrischen und die magnetischen Linien zusammenfallen, so
wird das Wasser eine zu dieser gemeinsamen Richtung recht-
winklige Bewegung annehmen, indem es beständig wie unter
einem Passatwinde läuft, den man von Osten oder auch von
Westen kann wehen lassen, entsprechend den magnetischen
Polen, indem man die Richtung des elektrischen Stromes

ändert; den nämlichen Versuch kann man mit dem Quecksilber machen. Diese Erscheinungen sind neue zu den schon beigebrachten noch hinzuzufügende Beweisgründe für die Thatsache, dass die Theilchen der Materie von der elektrischen und von der magnetischen Kraft auf eine Weise erregt werden, die unvereinbar ist mit der Hypothese eines Fluidums oder eines Aethers.

Verführt durch die eigenthümliche Thatsache, dass der Magnetismus und die Elektrizität in perpendikulärer Richtung auf einander wirken, hat Coleridge diese beiden Kräfte mit den in die Quere gehenden Ausdehnungen, der Länge und der Breite, verglichen; ferner, seine Idee mit Ungeschick übertreibend, hat er aus dem Galvanismus die dritte Dimension des Raumes machen wollen, die Tiefe: gibt es eine dritte Kraft, die in Wirklichkeit dies Verhältniss zur Elektrizität und zum Magnetismus hat? Dies ist eine Frage, die wir nicht zu beantworten im Stande sind.

Das Verhältniss der anziehenden Kraft zu dem elektrischen Strome, welcher jene erzeugt hat, ist der Gegenstand der Untersuchungen von einer Anzahl Experimentatoren und Mathematiker gewesen. Die Thatsachen des Problemes sind so vielfach und so veränderbar, dass es schwer ist, zu einem entscheidenden Ergebniss zu kommen. Das Verhältniss der Durchmesser des Drahtes und des Eisens, die Härtung und die Festigkeit des letztern, seine Form oder das Verhältniss seiner Länge zu seinem Durchmesser, die Zahl der Drahtwindungen, das Leitungsvermogen des Metalls, woraus der Draht gemacht ist, die Durchmesser der Armatur oder des Eisens, worin der Magnetismus erregt wird, der Grad von Beständigkeit bei der Säule etc., das Alles macht die Erklärung der Versuche sehr schwierig.

Das glaubwürdigste allgemeine Verhältniss, zu welchem man gelangt ist, dürfte sein, das die magnetische Anziehung proportional ist dem Quadrate der elektrischen Kraft; dies Resultat verdankt man den Untersuchungen der Herren Lenz und Jakobi, wie auch des Herrn William Snow-Harris.

Endlich bringt die Elektrizität die chemische Verwandt-

schaft hervor und durch ihre Thätigkeit können wir Auf-
lösungs- und Verbindungswirkungen erzielen, die wir vergeblich von der gewöhnlichen Chemie erwarten. Wir haben
Beispiele dieser Wirkungen in den glänzenden davyschen
Entdeckungen über die alkalischen Metalle, und in den kry-
stallinischen eigenthümlichen Bildungen, welche die Herren
Becquerel und Crosse kennen gelehrt haben.

Licht.

Indem wir zum Lichte übergehen, wird es gut sein, kurz und auf eine Weise, die möglichst frei von jeder Theorie ist, die Wirkungen zu beschreiben, welchen man den Namen Polarisation gegeben hat. Wird das Licht unter gewissen Winkeln vom Wasser, vom Glase und von gewissen anderen Mitteln zurückgeworfen, so erleidet es eine Veränderung, die es ungeeignet macht, von Neuem ähnlich reflektirt zu werden in einer Richtung, die rechtwinklig ist zu derjenigen, in welcher es zuerst reflektirt worden. Das auf solche Weise erregte oder veränderte Licht nennt man polarisirt; es bleibt immer geeignet in Ebenen reflektirt zu werden, die parallel zu der Ebene sind, in welcher es das erste Mal reflektirt ist, aber ungeeignet in senkrechten oder solchen Ebenen reflektirt zu werden, die mit der ersten Reflexionsebene einen rechten Winkel bilden. In Ebenen, die mittleren Richtungen entsprechen, zwischen der ursprünglichen Reflexionsebene und der zu dieser letzteren senkrechten Ebene, kann das Licht, mehr oder weniger, zum Theil reflektirt werden, je danach, wie sehr die Richtung der zweiten Reflexionsebene mit der ursprünglichen mehr oder weniger zusammenfällt. Ausserdem wird das Licht, wenn es durch einen isländischen Feldspat geht, doppelt gebrochen: dies will sagen, dass es sich in zwei Bündel oder Strahlen theilt, von welchen ein jeder die Hälfte der Kraft des zuerst einfallenden Strahles hat; diese beiden Strahlen sind in Ebenen, die zu einander rechtwinkelig sind, polarisirt, und wenn sie mit einer Turmalinplatte aufgefangen werden, so verschwindet der eine (wird absorbirt), so dass nur ein polarisirter Strahl heraustritt. Aehnliche Wirkungen können durch gewisse andere Arten der Reflexion und Refraktion hervorgebracht werden. Ein einmal in einer gewissen Ebene polarisirter Strahl fährt während seines ganzen weiteren Verlaufes fort polarisirt zu sein; und in jeder selbst unermesslichen Entfernung von dem Punkte, wo er ursprünglich diese Veränderung erlitten hat, bleibt seine Polarisationsebene die nämliche, wofern nur die Mittel, durch welche er gehen muss die Luft, das Wasser und einige andere durchsichtige Stoffe sind, die ich nicht aufzuzählen brauche. Wenn hingegen der polarisirte Strahl, statt durch Wasser zu gehen, das Terpentinöl durchstreicht, so ändert sich die ursprüngliche Polarisationsebene, und die Veränderung der Richtung wird fortwährend wachsen mit der Länge der eingeschobnen Flüssigkeitssäule. Die Reihe dieser auf einander folgenden Polarisationsebenen, statt eine einzige und einförmige Ebene zu bilden, stellt eine gebogene Fläche vor, ähnlich derjenigen, welche ein Streifen Pappe annehmen würde, wenn man seine Ränder zwingen würde, den entgegengesetzten Fugen eines gezogenen Flintenlaufes zu folgen; diese merkwürdige Erscheinung wird hervorgebracht durch verschiedene Mittel. Auch wechselt die Richtung der Veränderung, indem die Drehung der Polarisationsebene, wie man's nennt, bald von links nach rechts, bald von rechts nach links geht, je nach dem molekulären Charakter des Mittels, durch welches der polarisirte Strahl hindurch geht.

Das Licht ist vielleicht von den verschiedenen Arten der Kraft diejenige, deren gegenseitige oder Wechselbeziehungen mit den übrigen am Wenigsten klar bestimmt sind. Bis zur Epoche der Entdeckungen von Niepon, Daguerre und Talbot, vermochte man fast nichts Genaues festzustellen, bezüglich der Wirksamkeit des Lichts zur Hervorbringung der anderen Kräfte. Gewisse chemische Zusammensetzungen, unter welchen die Silbersalze die erste Rolle spielen, haben die Eigenthümlichkeit eine Zersetzung zu erleiden, wenn man sie dem Licht aussetzt. Wenn z. B. frisch bereitetes Chlorsilber

(Schilberchlorür) dem Einfluss der Lichtstrahlen ausgesetzt wird, so ist die Folge eine theilweise Zersetzung; das Chlor wird getrennt und durch die Lichtwirkung in Freiheit gesetzt, und das Silber wird niedergeschlagen. Durch diese Zersetzung geht die Farbe der Substanz von weiss in blau über. Wenn man nun ein Papier mit Chlorsilber tränkt, was mittelst eines einfachen chemischen Vorganges geschehen kann, und wenn man es dann mit einer undurchsichtigen Substanz bedeckt, z. B. mit dem Blatt von einem Baum, und es dann einem starken Licht aussetzt, so wird das Chlorsilber auf allen Stellen zersetzt, von welchen das Licht nicht aufgefangen ist, und wir werden, durch die Wirkung des Lichts, ein weisses Bild des Blattes auf einem purpurnen Grunde haben. Bringt man ein ähnliches Papier in einer dunklen Kammer in den Brennpunkt einer Linse, so werden die auf seine Fläche gezeichneten Bilder das Chlorür zersetzen, in genauem Verhältniss zu ihrer Lichtstärke; und folglich, weil die mehr beleuchteten Stellen des Bildes das Chlorür mehr schwärzen werden, so werden wir ein Bild mit Umkehrung des Lichts und des Schattens erhalten. Das so erhaltene Bild würde nicht von Bestand sein, weil die nachfolgende Lichtwirkung die lichten Stellen des Bildes schwärzen würde; um es zu fixiren, muss man das Papier in eine Lösung tauchen, die das Vermögen besitzt, das Chlorsilber aufzulösen, aber nicht das metallische Silber. Das Jodkalium (Kaliumjodür) wird diese Wirkung thun, und das Papier, nachdem es gewaschen und getrocknet ist, wird ein bleibendes Bild der Gegenstände bewahren, welche sich selber abgezeichnet haben. Diese Art der Herstellung von Lichtbildern ist das erste einfache Verfahren von Herrn Talbot; aber es ist in mehreren Punkten fehlerhaft und lässt nicht vollkommen das vorgesteckte Ziel erreichen. Zuerst ist sie nicht empfindlich genug, es bedarf, um ein Bild hervorzubringen, eines starken Lichtes und langer Zeit; für's Zweite sind Licht und Schatten umgekehrt; für's Dritte gestattet das grobe Gewebe selbst des feinsten Papieres nicht, dass die feinen Züge des Bildes sich rein abdrücken. Diese Fehler werden, bis auf einen gewissen Punkt, bei einer später von Herrn Talbot erfundenen Methode vermieden, die seinen Namen trägt und die zu dem Verfahren mit Kollodium

und anderen Stoffen geführt hat, die nicht brauchen aufgezählt zu werden.

Die Photographien von Daguerre, welche jetzt Jedermann
kennt, werden hergestellt, indem man zuerst eine vollkommen polirte Silberplatte mit Jod bedeckt; eine feine Lage
von Jodsilber wird so auf der Oberfläche des Metalls gebildet, und wenn die jodirte Platte in die dunkle Kammer gebracht wird, so entsteht eine chemische Veränderung. Die
Theile der Platte, auf welche das Licht fällt, verlieren Etwas
von ihrem Jod, oder erfahren eine andere Veränderung (denn
die Theorie ist in dieser Beziehung noch etwas ungewiss),
wodurch sie für eine leichte Amalgamirung empfänglich werden. Wenn daher die Platte über warme Quecksilberdämpfe
gebracht wird, so haftet das Quecksilber fest an den vom
Licht berührten Stellen und gibt ihnen das Ansehen einer
von weissem Reif bedeckten Fläche; die Mitteltinten sind
weniger verändert, und die Stellen, auf welche das Licht nicht
gefallen ist, erscheinen dunkel, weil sie ihre ursprüngliche
Politur nicht verloren haben; das Jodsilber wird dann mit
überschwefelsaurer Soda abgewaschen, die das Vermögen hat,
sie aufzulösen, und es bleibt ein Bild übrig, bei welchem
Licht und Schatten wie in der Natur sind; dabei gestattet
die moleküläre Gleichförmigkeit der metallischen Oberfläche
den feinsten mikroskopischen Details sich mit der vollkommensten Genauheit abzubilden. Wendet man, statt des Jod's,
Jodchlorüre an oder Jodbromür, so wird das Gleichgewicht
der chemischen Kräfte viel weniger fest gemacht, dergestalt,
dass die Bilder in einem unendlich viel kürzern Zeitmoment
aufgenommen werden, fast im Nu.

Es hiesse aus den Grenzen dieser Abhandlung heraus-
treten, wenn ich versuchen wollte, im Detail die verschiedenen schönen Zweige zu beschreiben, die auf den Baum der
Photographie gepfropft sind, die wichtigen Entdeckungen, zu
welchen diese Kunst geführt hat, die praktischen Anwendun-
gen, welche sie erfahren hat. Der kurze Abriss, welchen ich
oben gegeben habe, ist vielleicht sogar überflüssig, denn obgleich sie zu der Zeit, als diese Vorträge gehalten wurden,
ganz neu und überraschend waren, sind doch jetzt die Hand-

haben der Photographie nicht bloss den Leuten der Wissenschaft, sondern auch den Künstlern und Liebhabern ganz bekannt geworden; der wichtige Punkt, welcher hier in's Auge zu fassen ist, ist dies, dass die Materie vom Licht chemisch und molekülär erregt wird. Es sind nicht bloss die besondern als Beispiele gewählten Verbindungen, welche durch die Wirkung des Lichts verändert werden; eine sehr grosse Zahl einfacher oder zusammengesetzter Substanzen werden wahrnehmbar durch dies Agens erregt, selbst diejenigen, welche dem Anschein nach, wie die Metalle, von einem ganz unveränderlichen Charakter sind; die Substanzen, welche durch das Licht verändert werden, sind in der Wirklichkeit so zahlreich, dass man, nicht ohne Grund, angenommen hat: jede Materie, welcher Natur sie auch sein möge, wird durch Einwirkung des Lichts verändert.

Die so späte Entdeckung der Wirkung des Lichts auf die chemischen Zusammensetzungen zeigt uns auf eine sehr schlagende Weise bis zu welchem Grade eine immer thätige Kraft im Verlaufe der langen auf einander folgenden Zeiträume der Naturphilosophie kann unbekannt bleiben. Wenn wir annehmen, dass die Mauern eines grossen Zimmers mit photographischen Apparaten ausgerüstet werden, so wird die kleine Menge Licht, welche vom Antlitz einer in der Mitte stehenden Person reflektirt wird, zu gleicher Zeit sein Bild auf einer Menge von Flächen eindrücken, die ausgestellt sind, um es aufzunehmen. Würden keine Apparate vorhanden sein, wäre dagegen das Zimmer tapissirt mit photographischem Papier, so würde ebenfalls auf jedem Punkte des Papiers eine Veränderung eintreten, aber ohne Wiedergabe der Form und Gestalt. Andere Substanzen, welche für gewöhnlich nicht photographische genannt werden, werden selbst vom Lichte erregt, und die Liste dieser Substanzen kann ohne Ende ausgedehnt werden; es ist daher ein interessanter Gegenstand der Betrachtung, zu überlegen, wie grosse Veränderungen das Licht jeden Tag in der wägbaren Materie hervorbringt, wie eine Kraft, die man lange Zeit nur durch ihre Wirkungen auf das Sehorgan kannte, unaufhörlich Veränderungen auf der Erde und in der Atmosphäre bewirken kann, ausserdem

Veränderungen, welche sie in den organischen Geweben hervorbringt, und welche man jetzt anfängt, allgemeiner zu studiren.

Der verstorbene Georg Stephenson hatte eine Lieblingsidee, und diese Idee wird im gegenwärtigen Augenblick philosophischer erscheinen, als sie es zu seiner Zeit konnte; er glaubte, dass das Licht, welches wir in der Nacht empfangen, von der Kohle oder von anderen Brennstoffen, eine Wiedergabe des von der Sonne gekommenen Lichtes wäre, welches die Wesen von organischer oder vegetabilischer Struktur in früherer Zeit aufgesaugt hätten. Die Ueberzeugung, dass der vorübergehende Lichtstrahl seine Geschichte der Erde aufdrückt, veranlasst unsern Geist auch die verschiedenen Agentien in Erwägung zu ziehen, welche einen gewissen Einfluss ausüben können, und deren Existenz und Wirkungen wir noch ebenso wenig kennen, als die Alten die chemische Wirkung des Lichtes kannten.

Ich habe mich der Wörter „Licht“ und „erregt durch das Licht“ bedient, indem ich von den photographischen Wirkungen sprach; aber ungeachtet diese Phänomene ihren Namen vom Lichte entlehnen, so haben sich doch mehrere kompetente Forscher die Frage gestellt, ob die Erscheinungen der Photographie nicht viel wesentlicher von einem besonderen Agens herrühren, von welchem das Licht begleitet wird, als vom Licht selbst.

Es ist in der That schwer, nicht zu glauben, dass eine im Brennpunkt einer dunklen Kammer gewonnene Abbildung die dem Auge alle Abstufungen des Lichtes und des Schattens eines ursprünglichen beleuchteten Bildes darbietet, keine Wirkung des Lichtes sein sollte. Es ist inzwischen gewiss, dass die Strahlen der verschiedenen Farben eine verschiedene Wirkung auf die chemischen Verbindungen ausüben, und dass die Wirkungen von mehreren unter ihnen, vielleicht selbst von allen, in ihrer Stärke den Wirkungen, welche sie auf das Auge hervorbringen nicht proportional sind. Diese Unterschiede jedoch sind mehr Verschiedenheiten des Grades, als spezifische (von der Natur des Stoffs herrührende) Verschiedenheiten; und ohne mich selbst über eine bis jetzt so wenig untersuchte Frage mit Entschiedenheit zu äussern, bin ich der Meinung, dass es am Besten ist, die auf die chemischen Zusammensetzungen ausgeübte Thätigkeit als ein aus der Lichtwirkung hervorgehendes Resultat anzusehen. Von diesem Gesichtspunkt erscheint uns das Licht als eine erste oder ursprüngliche Kraft, die geeignet ist, mittelbar oder unmittelbar die anderen Arten der Kraft hervorzurufen. So bringt sie unmittelbar die chemische Thätigkeit hervor, und mit der chemischen Thätigkeit treten wir in Besitz der nothwendigen Mittel, die anderen Kräfte hervorzurufen. In meinen Vorträgen vom Jahre 1843 hab' ich einen Versuch gemacht, der die Erzeugung aller anderen Kraftarten durch das Licht anschaulich macht: ich will ihn hier kurz beschreiben. Eine präparirte daguerrische Platte wird in einen mit Wasser gefüllten Kasten eingeschlossen und mit einer von einem beweglichen Deckel bedeckten Glasscheibe geschlossen. Zwischen das Glas und die Platte bring' ich ein Gitter von Silberdraht; die Platte ist in Berührung mit einem der Enden eines Galvanometerdrahtes, und das Drahtnetz mit dem Ende eines breguet'schen Thermometers (elegantes Werkzeug aus einer sehr feinen Platte zweier verlötheter Metalle bestehend, deren ungleiche Ausdehnung die feinsten Temperaturveränderungen anzeigt); die übrigen Enden des Galvanometerdrahtes und des Thermometers sind durch einen Leitungsdraht verbunden, und die Nadeln des Galvanometers und des Thermometers werden auf Null gestellt. Augenblicklich sobald ein zerstreuter Lichtstrahl, oder der Strahl einer Hydrooxygengas-Lampe Zugang zu der daguerrischen Platte hat, durch Entfernung des Schiebers, bewegen sich die Nadeln. So haben wir also, das Licht als Anfangskraft genommen, auf der Platte eine chemische Thätigkeit, in den Silberdrähten Elektrizität die in Form eines Stromes zirkulirt, in der Spuhle des Galvanometers, Magnetismus; in dem breguet'schen Thermometer, Wärme, in den Nadeln, Bewegung.

Es gibt andere direktere Beispiele von Elektrizität und Magnetismus, vom Licht erzeugt, wie die von Morichini und Anderen beobachteten, wie seine Einwirkung auf die Krystallisation; aber die bis jetzt erzielten Resultate dieser Gattung sind von einem so schwankenden Charakter, dass man sie erst wie ein offenes Feld für neue Versuche ansehen kann, weniger als positive Beweise des Verhältnisses des Lichts zu den anderen Kräften.

Das Licht scheint direkt die Wärme hervorzubringen bei den Erscheinungen, welche man mit dem Namen „der Aufsaugung (Absorption) des Lichts" bezeichnet; und bei diesen Phänomenen finden wir, dass die entwickelte Wärme ungefähr in richtigem Verhältniss zu dem verschwundenen Licht steht. Erinnern wir zunächst an den alten Versuch auf Schnee, der dem Sonnenlicht ausgesetzt ist, Reihen von Stoffen, die verschieden gefärbt sind, zu legen: der schwarze Stoff, indem er am Mehrsten Licht verschlingt und am Mehrsten Wärme entwickelt, versenkt sich tiefer als die anderen in den Schnee; die anderen Farben oder Farbennüancen steigen weniger und weniger hinab, in dem Masse, als sie eine geringere Menge Licht verschlucken oder verschwinden machen, bis wir bei dem weissen Stoffe angelangen, welcher an der Oberfläche bleibt. Die Wärme erzeugenden Eigenschaften der verschieden gefärbten Strahlen sind inzwischen nicht genau ihrer Lichtstärke proportional, oder den Wirkungen, welche sie auf den Gesichtssinn hervorrufen. Das rothe Licht, gewonnen durch Zerstreuung mittelst eines Prismas aus Glas, entfaltet, wenn es in das Sonnenspektrum gebracht wird, bei dem Phänomen der Lichtaufsaugung einen grössern Wärmeeffekt als das violette Licht, wie dies von Herrn Wilhelm Herschel beobachtet ist. Diese nämlichen rothen Farben jedoch verursachen einen grössern dynamischen Effekt: sie dringen tiefer in das Wasser als die anderen Strahlen. Der Dr. Seebeck hat später eine andere Unregelmässigkeit angezeigt, dass das Licht, wenn es durch ein Prisma aus Wasser gebrochen wird, bei gelber Farbe die grösste Wärmewirkung hervorbringt. Aber dieser Gegenstand erheischt zuvor eine Aufklärung durch viele Versuche ehe wir den Grund des Verhältnisses angeben können, in welchem das Licht in dieser Klasse von Erscheinungen zu der Wärme steht.

In einer früheren Ausgabe dieser Abhandlung hab' ich über diesen Gegenstand den folgenden Versuch mitgetheilt: Man lasse einen Lichtstrahl durch zwei Turmalinplatten oder andere ähnliche Substanzen gehen, und man prüfe die Temperatur der zweiten Platte, derjenigen, welche an zweiter Stelle vom Licht getroffen wird, oder aus welcher das Licht heraustritt, zuerst in einer Stellung, welche dem polarisirten aus der ersten Platte kommenden Strahl den Durchgang gestattet, sodann wenn sie auf 90^0 gedreht ist und der polarisirte Strahl verschluckt wird. Ich erwartete, indem ich glaubte den Versuch mit der grössten Sorgfalt gemacht zu haben, dass die Temperatur der zweiten Platte im zweiten Falle höher sein würde, als im ersten, und ich hoffte interessante Resultate zu gewinnen, wenn ich diese Art Analyse auf Strahlen von verschiedener Farbe anwendete. Ich hatte viele Schwierigkeit um mir einen angemessnen Apparat zu verschaffen, und ich trachtete sie zu überwinden, als ich erfuhr, dass Herr Knoblauch bis auf einen gewissen Punkt meinen Zweck erreicht habe. Er hat gefunden, dass wenn ein in einer gewissen Ebene polarisirter Lichtstrahl senkrecht mit der Axe durch eine Platte von angeschwärztem Quarz oder von Turmalin hindurch gelassen wird, die Wärme in einem geringeren Verhältniss übertragen wird, als wenn der Strahl in paralleler Richtung mit der Axe des Krystalls hindurchgeht.

Es ist im Allgemeinen und soweit ich darüber zu urtheilen vermag, durchaus richtig, dass so lange als das Licht fortfährt Licht zu sein, mag es übrigens reflektirt sein oder durchgegangen durch verschiedene Mittel, keine oder wenig Wärme dadurch entwickelt wird, wofern nur die durchströmten Mittel durchsichtig sind; dass wahrscheinlich, wenn ein Mittel vollkommen durchsichtig wäre, sich nicht die geringste Wärmewirkung zeigen würde; dass überall, wo das Licht verschluckt wird, die Wärme an seine Stelle tritt, mit augenfälliger Verwandlung des Lichtes in Wärme, zum Beweise der Thatsache, dass die Kraft des Lichts in Wirklichkeit nicht verschluckt oder zerstört wird, dass sie vielmehr blos ihren Charakter verändert hat; das Licht wird in diesem Falle in Wärme verwandelt durch seine Berührung mit der festen Materie, wie wir das umgekehrte Beispiel bei der Betrachtung der Wärme gesehen haben, wo gezeigt ist, dass die Wärme durch ihre Verdichtung im Innern eines festen Körpers in Licht verwandelt wird. Inzwischen ist, wie dies

schon anderweitig gezeigt wurde, dies Wechselverhältniss des
Lichtes und der Wärme nicht so entschieden, als es für andere Erregungen der Materie ist. Einer der Versuche Melloni's, das ist wahr, scheint zu beweisen, dass das Licht in
einem solchen Zustande existiren kann, worin es keine Wärme
mehr erzeugt, zum Mindesten keine, die von unsern Werkzeugen angezeigt wird; aber man hat neuerdings die Genauheit dieses Versuchs in Zweifel gezogen.

Der Körper, welcher das Licht empfängt oder derjenige,
auf welchen das Licht fällt, scheint einen ebenso grossen
Einfluss auf unsere Lichtempfindung zu üben als der Körper,
welcher das Licht von sich gibt oder von welchem es ursprünglich fortschreitet. Die Versuche, welche neuerdings
von Sir John Herschel und von Herrn Stokes gemacht sind,
haben bewiesen, dass die strahlenden Bebungen, welche, indem sie gewisse Körper berühren, durchaus keine Lichtwirkung hervorbringen, dann leuchtend werden wenn sie andere
Körper treffen.

So z. B. lasse man das Sonnenlicht sich durch ein Prisma
brechen (die beste Materie für ein Prisma ist der Quarz) und
fange das Spektrum auf einem Bogen Papier auf: wenn man
auf das Papier blickt, entdeckt das Auge kein Licht jenseits
des äussersten Violets. Wenn man folglich einen undurchsichtigen Körper dazwischen stellt, genau so, dass er das
sichtbare Spektrum ganz bedeckt, so wird das Papier dunkel
und unsichtbar werden, ausgenommen nur eine leichte Hel-
lung, herrührend von dem von der Luft und den umgebenden
Körpern reflektirten Licht. Bringen wir an die Stelle des
jenseits des Spektrums sichtbaren Papiers ein Stück mit
Uraniumoxyd gefärbten Glases, so wird das Glas vollkommen
sichtbar werden; es ist ebenso mit einer Flasche, die schwefel-
saures Chinin enthält, oder eine Auflösung der Rinde des indi-
schen Maronenbaums, ja selbst mit dem in diese Substanzen
getauchten Papier. Andere Substanzen bringen diese Wirkung in verschiedenem Grade hervor, und unter den Substanzen, welche man bisher als vollkommen gleichartig in ihren
Beleuchtungserscheinungen gehalten hat, sind nicht unerheb-
liche Unterschiede entdeckt worden. Es ist also bewiesen,
dass Ausstrahlungen, welche durchaus keinen Lichteindruck

auf das Auge machen, wenn sie auf gewisse Körper fallen, dann leuchtend werden, wenn sie auf andere treffen. Wir können uns eine Stube vorstellen, die so konstruirt ist, dass sie nur solchen Ausstrahlungen zugänglich ist, und dann wird sie hell oder dunkel sein, je nach der Substanz, womit die Mauern bedeckt sind, und ungeachtet beim hellen Tage die verschiedenen Mauerüberzüge alle gleich weiss erscheinen; oder auch, ohne dass die Mauerbekleidung verändert wird, würde das Zimmer beim Eindringen einer Klasse von Strahlen durch das Schliessen der Laden dunkel werden, welches bei einer anderen Klasse von Strahlen durchsichtig bliebe.

Wendet man statt des Sonnenlichts bei ähnlichen Versuchen das Licht des elektrischen Bogens an, so kann man eine nicht minder überraschende Wirkung erzielen. Eine auf weissem Papier gemachte Zeichnung mit einer Lösung von schwefelsaurem Chinin in Weinsteinsäure ist im gewöhnlichen Lichte unsichtbar, aber sie glänzt mit einem schönen Lichte, wenn sie durch das Licht des voltaschen Bogens beleuchtet wird. Wenn man über eine Lichterscheinung zu entscheiden hat, muss man also gleichzeitig auf den Körper, welcher das Licht empfängt, Rücksicht nehmen und auf den, welcher es ausgibt. Was Licht ist oder wird, wenn es auf einen gewissen Körper fällt, ist kein Licht, wenn es auf einen anderen Körper fällt. Wahrscheinlich weichen die Netzhäute verschiedener Menschen bis auf einen gewissen Grad auf die nämliche Weise von einander ab; und die nämliche Substanz, erhellt durch das nämliche Spektrum, kann verschiedenen Individuen einen verschiedenen Anblick gewähren, indem etwa das Spektrum dem einen länger erscheint als dem andern, dergestalt, dass das, was Licht für den Einen ist, für den Anderen Finsterniss ist, und so wechselweise. Man kann ebenso beweisen, dass die Wärme in einer erheblichen Abhängigkeit von dem Körper ist, der sie empfängt. Wenn zwei Gefässe, von welchen das eine reines und durchsichtiges Wasser enthält, das andere Wasser, das mit irgend einem Farbestoff gefärbt ist, in der Sommerwärme aufgefangen und der Sonne ausgesetzt werden, so wird man in sehr kurzer Zeit einen merklichen Unterschied in der Temperatur der beiden Gefässe wahrnehmen. Die gefärbte Flüssigkeit

wird viel wärmer erscheinen als die durchsichtige. Wenn
das erste Gefäss in einer beträchtlichen Entfernung von der
Erde befestigt wird, und das zweite dicht an der Oberfläche,
so wird der Unterschied noch viel grösser sein. Wenn wir
diesen Versuch fortsetzen und das erste Gefäss auf die Spitze
eines hohen Berges bringen, das zweite in das Thal, so werden wir einen so grossen Unterschied der Temperatur erhalten, dass Thiere, deren Organismus der einen dieser Temperaturen angemessen ist, in der anderen nicht würden leben
können; und gleichwol sind beide Gefässe dem nämlichen
Sonnenstrahl ausgesetzt, zu der nämlichen Zeit, in der nämlichen messbaren Entfernung von dem leuchtenden Körper;
in Wirklichkeit ist die kältere Substanz diesem Körper sogar
näher als die wärmere. So kann man also, wenn man das
die Wärme übertragende Mittel berücksichtigt, die Temperatur eines Treibhauses beträchtlichen Veränderungen unterwerfen, indem man die Natur des Glases verändert, woraus sein
Dach geformt ist.

Diese Wirkungen haben eine grosse Wichtigkeit in Betreff gewisser Fragen der Kosmologie, die in letzter Zeit viel
diskutirt sind; sie müssen auffordern, sich nur mit grosser
Zurückhaltung eine Meinung zu bilden über Gegenstände wie
der des Lichts und der Wärme auf der Oberfläche der Sonne,
der Temperatur der Planeten, etc., etc. Diese Temperatur
hängt in der That ebenso sehr von der physischen Konstitution der Gestirne ab, als von ihrem Abstand von der Sonne.
Der Planet Mars gewährt uns eine recht schlagende Analogie zu Gunsten der ausgesprochnen Thatsache; denn ungeachtet sein Abstand von der Erde anderthalb Mal den Abstand
der Erde von der Sonne beträgt, beweist doch die Zunahme
der weissen Zonen in der Nähe seiner Pole im Winter und
ihre Abnahme im Sommer, dass die Temperatur auf der Oberfläche dieses Planeten um den Gefrierpunkt des Wassers oscillirt, wie sie es in den entsprechenden Zonen unsers Planeten thut. Es ist wahr, dass ich bei diesem Vergleiche die
Substanz, welche so ihren Zustand ändert, dem Wasser gleich
setze; aber aus dem Grunde verschiedener tiefer Aehnlichkeiten zwischen diesem Planeten und der Erde, und der anschei-

nenden Uebereinstimmung, welche uns das Fernrohr zwischen den Thatsachen bezüglich jenes Planeten und denjenigen zeigt, welche auf der Erdoberfläche platzgreifen, scheint diese Annahme in hohem Grade wahrscheinlich.

So ebenfalls folgt daraus, dass die Venus der Sonne näher ist. als die Erde, keineswegs, dass dieser Planet wärmer sei, als die Erde. Die von der Sonne ausgehende Kraft kann auf der Oberfläche jedes anderen Planeten einen anderen Charakter annehmen und für seine Schätzung einen anderen Organismus oder andere Sinne erfordern. Myriaden von organisirten Wesen können existiren, ohne unserm Gesichte erkennbar zu sein, selbst, wenn wir annehmen, dass wir in ihrer Mitte leben, und wir selbst können in Beziehüng auf sie unerkennbar sein.

Ungeachtet es unzeitgemäss erscheinen kann, bei dem jetzigen Zustande der Wissenschaft von ähnlichen Wesen zu reden, so hat man nicht mehr Grund, eine Uebereinstimmung oder eine nahe Verwandtschaft unserer eignen Formen mit denjenigen solcher Wesen anzunehmen, die auf den anderen Welten wohnen.

Vermöge eines auf Analogie und auf die Endursachen gegründeten Räsonnements, können wir uns zum Mindesten überzeugen, dass die herrlichen Sphären des Universums keine unbewohnte Einöden sind. Sind die Bewohner anderer Welten stärker, sind sie intelligenter als wir? Sind ihre Fähigkeiten von einer höhern oder geringern Ordnung? Das sind Fragen, die wir für jetzt wenigstens, zu lösen keine Hoffnung haben.

Die spezifische Schwere und die Intelligenz haben unter sich keine nothwendige Verknüpfung. Auf unserm eignen Planeten sind fünf Sinne und eine dem Wasser gleiche mittlere Dichtigkeit nicht unwandelbar mit der intellektuellen und moralischen Grösse verbunden.

Die Menschen, weil sie Menschen sind, weil ihre Existenz die einzige Sache ist, welche für sie eine absolute Wichtigkeit hat, sind zu geneigt, sich einen Plan des Universums vorzumalen, als wenn es für sie allein gemacht wäre; wenn er von einem Künstler auf der Sonne gemalt wäre, so würde der Mensch keine so hervorragende Rolle in der Schöpfung spielen, als wenn er sich selbst, mit seinem eigenen Pinsel, darstellt.

Das Licht wird in der Theorie, welche man „die Theorie der Theilchen (Korpuskulartheorie)" genannt hat, so angesehen, als ob es an sich selbst eine Materie oder ein spezifisches aus den leuchtenden Körpern ausfliessendes Fluidum wäre, das eine Empfindungserregung verursacht, indem es auf die Netzhaut stösst. Diese Theorie hat der Undulationstheorie Platz gemacht, die heutzutage allgemein angenommen ist, die das Licht als die Wirkung der Undulationen eines spezifischen Fluidums betrachtet, dem man den Namen Aether gegeben hat; und man nimmt an, dass dies hypothetische Fluidum die ganze Welt ausfüllt und die Poren aller Körper durchdringt.

In einem 1842 gehaltenen Vortrage, als ich zum ersten Mal die hier dargestellten Ansichten äusserte, erklärte ich, dass es mir den Thatsachen viel angemessener erscheine anzunehmen: das Licht sei die Wirkung der Schwingungen oder der Bewegung der Moleküle gewöhnlicher Materie, als es den Schwingungen eines spezifischen Aethers zuzuschreiben, der die Materie durchdringt, etwa so, wie der Ton durch die Schwingungen des Holzes fortgepflanzt wird, oder die Wellen durch das Wasser. Ich beabsichtige nicht hier von den unterscheidenden Charakterzügen der Schwingungen des Lichts, des Tons und des Wassers zu handeln, die ohne irgend einen Zweifel sehr verschieden von einander sind: ich will sie blos so viel nöthig ist vergleichen, um die Fortpflanzung der Kraft durch eine Bewegung in der Materie selbst zu erklären.

Zu jener Zeit als ich zuerst diese Meinung angenommen und in meinen Vorträgen dargelegt habe, war mir unbekannt, dass der berühmte Leonhard Euler eine etwas ähnliche Theorie veröffentlicht habe, und ungeachtet ich sie ausgebildet hatte ohne Etwas von Demjenigen zu wissen was vor mir aufgestellt war, würde ich Anstand genommen haben, sie des Weiteren mitzutheilen, wenn ich nicht erfahren hätte, dass sie sich der Anerkennung eines so hervorragenden Mathematikers erfreue, als Euler, von welchem man nicht voraussetzen hann, dass er sich nicht Rechenschaft abgelegt habe von den unvermeidlichen Beweisgründen gegen seine Theorie, zumal damals, als es sich um einen so viel bestrittenen und diskutirten Gegenstand handelte als zu jener Epoche die Undulationstheorie des Lichtes war.

Diese eulersche Theorie ist von einem Physiker von grossem Rufe für mangelhaft erklärt; aber ich habe mich von der Kraft der Beweisgründe, womit er sie bekämpft hat, nicht überzeugen können; aus diesem Grunde glaub' ich sie für jetzt wenigstens, wenn gleich nicht ohne geringe Bedenken, aufrecht erhalten zu können. Die Thatsache der Wechselwirkung unter den verschiedenen Arten der Kraft selbst ist für meinen Geist ein sehr mächtiger Beweis zu Gunsten der Theorie, welche in ihnen Erregungen der gewöhnlichen Materie sieht; und obgleich die Elektrizität, der Magnetismus und die Wärme als die Wirkungen der Schwingungen des nämlichen Aethers können angesehen werden, welchen man als Ursache des Lichts ansieht, so bietet diese Aethertheorie doch grössere Schwierigkeiten dar, wenn es sich um die anderen Arten der Kraft handelt, als wenn vom Licht die Rede ist. Ich habe schon auf einige dieser Schwierigkeiten angespielt, als ich die Elektrizität abhandelte; so werden das Leitungsvermögen und das Leitungsunvermögen nicht durch diese Theorie erklärt; die Fortpflanzung der Elektrizität durch lange Drähte mit Bevorzugung der umgebenden Luft, welche zum Mindesten ebenso stark vom Aether durchdrungen sein müsste, ist unvereinbar mit dieser Hypothese. Die durch diese Kräfte an den Tag gelegten Erscheinungen gewähren, so glaub ich wenigstens, ebenso gut als die Lichterscheinungen ein augenscheinliches Zeugniss der gewöhnlichen Materie, wie sie von Theilchen zu Theilchen wirkt und keine Thätigkeit aus der Entfernung ausübt. Ich habe schon die Versuche von Hrn. Faraday über die elektrische Induktion zitirt; indem sie zeigen, dass diese Induktion eine Thätigkeit zwischen an einander grenzenden Theilchen ist, zeugen sie stark zu Gunsten dieser Meinung; mehrere Versuche, welche ich über den voltaschen Bogen gemacht habe, und welche ich schon zum Theil in dieser Abhandlung erwähnt habe, befestigen sie zum Mindesten in meinem Urtheil.

Wenn man zugibt, dass eins der Agentien, welche man Imponderabilien nennt, eine Form der Bewegung ist, so macht die Thatsache, dass sie geeignet ist die anderen hervorzubringen und durch diese hervorgebracht zu werden, es sehr schwer begreiflich, dass einige von ihnen Molekülbewegungen der gewöhnlichen Materie sein sollen, während die übrigen Flüssigkeiten wären oder die Wirkungen von Schwingungen eines Aethers. Der hauptsächlichsten Einwendung des Doktor Joung, dass alle Körper die Eigenschaften des Sonnenphosphors besitzen müssten, wenn das Licht in Vibrationen der gewöhnlichen Materie bestände, kann man entgegnen, dass so viele Körper diese Eigenschaft besitzen, und mit einer so grossen Verschiedenheit in ihrer Dauer, dass es nicht ausgemacht ist, ob nicht alle sie besitzen, wenn gleich für eine so kurze Zeit, dass das Auge ihre Dauer nicht bestimmen kann. Die Thatsache der Phosphoressenz durch Insolation bei einer grossen Zahl von Körpern ist schon an sich ein Beweis, dass die Materie, woraus diese Körper gebildet sind in einen Zustand der Vibration versetzt wird, oder dass sie zum Mindesten durch die Thätigkeit des Lichts moleküllär verändert wird, und diese Thatsache ist ein stützender Beweis für die Meinung, welche man durch jenen Einwurf hat bekämpfen wollen. Der Dr. Joung nimmt an, dass die Phänomene des Sonnenphosphors in hohem Grade den sympathischen Tönen der musikalichen Instrumente zu ähneln scheinen, welche durch andere durch die Luft zu ihnen gelangende Töne in Schwingungen versetzt werden; und ich wüsste nicht, dass er von diesen Wirkungen in der Aetherhypothese eine genügende Erklärung gibt.

Die Analogien zwischen der Fortpflanzung des Schalls und derjenigen des Lichts sind sehr zahlreich: der eine und das andere pflanzen sich in grader Linie fort solang sie nicht angehalten oder verlöscht sind; beide werden auf die nämliche Weise reflektirt, indem die Einfallswinkel den Reflexionswinkeln gleich sind; alle beide werden wechselweise durch die Interferenz zu einer Stärke = 0, oder zur vierfachen Stärke gebracht; alle beide sind der Brechung ausgesetzt beim Uebergange von einem Mittel in ein anderes von verschiedener Dichtigkeit. Die seit langer Zeit theoretisch bewiesene Brechung des Schalls ist experimental dargestellt durch Herrn Soodhauss; dieser Physiker hat aus dünnen Schichten von Collodium eine Linse konstruirt; er hat sie mit Kohlensäure angefüllt und er hat so den Schlag einer in einem der Brennpunkte der Linse aufgestellten Uhr hören können, während sein Ohr sich in dem entgegengesetzten Brennpunkte befand; die Schläge wurden nicht mehr gehört, wenn man die Uhr aus dem Brennpunkt entfernte, ob sie gleich in der nämlichen Entfernung vom Ohre verblieb.

Die Erscheinungen der Wärme vom Gesichtspunkte der dynamischen Theorie betrachtet, können nicht durch die Bewegung eines unwägbaren Aethers erklärt werden; sie setzen nothwendig die moleküläre Thätigkeit der gewöhnlichen wägbaren Materie voraus. Die Lehre von der Fortpflanzung durch. die Wellenbewegung der gewöhnlichen Materie wird allgemein von Denjenigen angenommen, welche die dynamische Wärmethorie vertheidigen; nun sind aber die Analogieen zwischen den Erscheinungen der Wärme und denjenigen des Lichtes so innig, dass ich nicht begreife, wie eine auf das eine dieser Agentien angewendete Theorie nicht unmittelbar auch auf das andere Anwendung finden soll. Wenn die Wärme geleitet, zurückgeworfen, gebrochen, polarisirt wird, und wir diese Erscheinungen als Erregungen der gewöhnlichen Materie ansehen können, wie denn, wenn diese Wirkungen sich auch beim Lichte zeigen, mögen wir behaupten, dass sie hier von einem unwägbaren Aether und nur von diesem herrühren?

Ein Einwurf, der sich unmittelbar dem Geiste darbietet, in Bezug auf die Hypothese, welche aus dem Licht einen Aether macht, ist, dass die porösesten Körper undurchsichtig sind, der Kork, die Kohle, der Bimstein, das trockene und das feuchte Holz; alle festen, sehr porösen und sehr leichten Körper sind undurchsichtig. Dieser Einwurf ist nicht so oberflächlich, als es auf den ersten Blick scheinen könnte. Die Theorie, welche will, dass das Licht das Resultat der Undulation eines von Aether angefüllten Mittels sei, das alle groben Materien durchdringt, setzt voraus, dass die Zwischenräume zwischen den Molekülen oder Atomen sehr gross sind. Die Materie ist von Demokrit und von vielen modernen Physikern dem gestirnten Himmel verglichen worden, in welchem, ungeachtet die individuellen Monaden sich in ungeheuren Entfernungen von einander befinden, sie gleichwol, als Aggregat, den Charakter der Einheit haben und durch die Anziehung bei bestimmten Abständen fest in ihrer gegenseitigen Stellung erhalten werden. Dies vorausgesetzt, müssten die leichtesten Körper, alle diejenigen mindestens, welche wir kennen, da bei ihnen die Moleküle sich in der grössten gegenseitigen Entfernung befinden, da in ihnen die Undulationen des sie durchdringenden Mittels am Wenigsten behindert sind durch den Widerstand der gesonderten Theilchen, auch die durchsichtigsten aller Körper sein.

Und ferner, wenn die Analogie mit dem gestirnten Himmel einigen Wert hat, in diesem Fall wird eine Undulation oder Woge, in Zusammenhang mit einer gewissen Anzahl von individuellen Monaden, zerrissen oder gebrochen werden durch ihre Anzahl; der Anblick wahren Zusammenhangs, welcher, wie in der Milchstrasse, aus der Thatsache entspringt, dass jeder gesehene Punkt von einer Monade erfüllt wird, beweist, dass nach einer gewissen Länge des Verlaufes die Welle an jedem ihrer Punkte unterbrochen wird von einer Monade, dergestalt, dass ihr Zusammen in gewisser Hinsicht angesehen werden kann wie eine Schicht gewöhnlicher Materie, eingeschoben in den äthererfüllten Raum.

Darum, wenn man auch annimmt, dass ein ausserordentlich elastisches Mittel die Zwischenräume erfüllt, müssen doch die getrennten Massen in ihrem Zusammen genommen, einen grossen Einfluss auf die Fortpflanzung der Welle ausüben.

Der Ton oder die Vibrationen der Luft, wenn sie auf einen Schirm treffen, den man als einen Schwamm zerstreuter Theilchen ansehen kann, wird gebrochen und zerstreut werden durch diese Theilchen; aber wenn diese genug Zusammenhang haben um an den Vibrationen theilzunehmen und sie fortzupflanzen, so wird der Ton sich fortpflanzen ohne Etwas an seiner Stärke zu verlieren.

Was jedoch die flüssigen und die gasförmigen Körper betrifft, so sind grosse Schwierigkeiten vorhanden, um sie als gebildet aus getrennten von einander abstehenden Molekülen anzusehen. Wenn wir z. B. mit Joung annehmen, dass die Wassertheilchen sich zum Mindesten in der nämlichen Entfernung von einander befinden, als es hundert über die Raumfläche von England gleichmässig vertheilte Menschen sein würden, so wird der Abstand zwischen diesen nämlichen Theilchen, wenn das Wasser in Dampf verwandelt wird, mehr als 40 Mal grösser werden, dergestalt, dass die hundert Menschen auf zwei reducirt werden; und durch eine fernere Steigerung der Temperatur kann der Abstand der Moleküle ausserordentlich zunehmen; wenn man zu den Wirkungen der Temperatur noch die Verdünnung durch die Luftpumpe hinzufügt, so kann man diesen Abstand noch grösser machen, dergestalt, dass, welcher Abstand auch für den Anfang angenommen wird, wir ihn bis zu einem solchen Grade vergrössern können, dass zuletzt der Abstand zwischen einem Molekül und dem benachbarten Molekül messbar wird. Wie weit man also auch die Verdünnung treiben möge, durch die Wärme so wol als durch die Luftpumpe, man gelangt nicht dahin, die geringste Veränderung in dem anscheinenden Zusammenhang der Materie sichtbar zu machen; und ich habe gefunden, dass die Gase ihren eigenthümlichen Charakter bewahren, zum Mindesten soweit ich darüber zu urtheilen vermag, nach ihren Wirkungen auf den elektrischen Funken, selbst dann, wenn ihre Verdünnung bis zur äussersten Grenze getrieben wird, welche man nach der Erfahrung erreichen kann: so bietet der elektrische Funken in dem Stickstoffoxydulgas, selbst wenn es sehr verdünnt ist, einen Karmoisin-Farbenhauch, in der Kohlensäure einen grünlichen.

Wir wollen die metaphysische Frage nach der innersten Konstitution der Materie nicht berühren; dies ist eine Untersuchung, die nur dann schicklich sein würde, wenn die atomistischen Physiker und die Schüler von Boskowitsch Recht haben sollten: eine Frage, auf welche wahrscheinlich alle menschlichen Anstrengungen niemals eine genügende Antwort geben werden; aber angenommen auch, dass ein äthererfülltes Mittel, nicht durchaus unwägbar, wie Einige wollen, jedoch

von äusserster Verdünnung, alle Materie durchdringt, so wird
es Nichts desto weniger wahr bleiben, dass die gewöhnliche
Materie ohne Aether eine sehr wichtige Thätigkeit bei der
Fortpflanzung des Lichts ausübt. Der Doktor Joung, welcher die Theorie Eulers verwirft, nach welcher das Licht
durch die Wellenbewegung des groben Stoffes fortgepflanzt
wird, in einer ähnlichen Weise als der Schall, ist in der Folge
genöthigt gewesen, die Vibrationen wägbarer Materie der brechenden Mittel zu Hilfe zu rufen, um zu erklären, wie die
Strahlen von verschiedener Farbe nicht gleichmässig gebrochen werden, und andere ähnliche Schwierigkeiten. Einer
seiner Beweisgründe zu Gunsten eines fortleitenden Aethers
war: „dass ein Mittel, vermöge mehrerer seiner Eigenschaften
demjenigen ähnlich, welches man Aether nennt, existirt, was
unwiderleglich durch die Erscheinungen der Elektrizität bewiesen wird." Diese Art zu urtheilen, wenn ich wagen darf,
so über Das zu reden, was aus der Feder eines so erfahrenen
Mannes fliesst, scheint mir kaum logisch zu sein; denn dies
heisst eine Hypothese durch eine andere stützen, die ihrerseits erst bewiesen werden müsste, weil ihre unerschrockensten Vertheidiger gestehen, dass sie von vielen Schwierigkeiten umgeben ist.

Der Doktor Joung gelangt zuletzt zu dieser Schlussfolgerung, die einfachste Hypothese sei die, den äthererfüllten
Raum, zusammen mit den materiellen Atomen der Substanz,
als ein zusammengesetztes Mittel bildend anzusehn, dichter als
der reine Aether, aber nicht elastischer. Der Aether soll somit angesehen werden als ob er die Funktionen erfüllte, welche
das Oel im durchsichtigen Papier hat, indem er den Theilchen der gewöhnlichen Materie Zusammenhang gibt und selbst,
in den Zwischenräumen der Moleküle, das Mittel bildet, um
die Schwingungen fortzupflanzen,

Seit der Epoche, wo Huyghens, Euler, Joung, die Väter der Undulationstheorie, ihre grosse Intelligenz zu dem
Studium dieser Frage angewendet haben, hat man sich eine
Masse experimentaler Thatsachen anhäufen sehen, alle nach
dem Beweise strebend, dass jedesmal, wenn die das Licht
fortpflanzende oder brechende Materie einer Veränderung in
ihrer Konstitution unterliegt, das Licht selbst erregt ist, und

dass es eine Verbindung und einen Parallelismus gibt zwischen den Umwandlungen der Materie und den Veränderungen, welche dem Lichte widerfahren; umgekehrt, dass das Licht die Konstitution der Materie verändert und umwandelt und ihren Molekülen charakteristische neue Eigenthümlichkeiten aufdrückt.

Die Durchsichtigkeit, die Undurchsichtigkeit, die Brechung, das Zurückprallen und die Farben waren den Alten bekannte Erscheinungen; aber es scheint nicht, als hätten sie dem molekülären Zustande der Körper, welcher diese Phänomene determinirt, eine ausreichende Aufmerksamkeit zugewendet. Die Durchsichtigkeit und die Undurchsichtigkeit eines Körpers scheint ganz und gar von seiner molekülären Anordnung abzuhängen. Wenn Streifen auf der Linse oder dem Glase sind, durch welches hindurch man die Gegenstände ansieht, so sind die Bilder entstellt: man vermehre die Zahl dieser Streifen, so wird die Entstellung so sehr zunehmen, dass die Gegenstände unsichtbar werden, und das Glas wird aufhören, durchsichtig zu sein, wenn es gleich durchscheinend bleibt; aber wenn man die moleküläre Konstitution vollständig alterirt, wie z. B. durch langsames Festwerden, so wird er undurchsichtig werden. Nehmen wir noch als Beispiele eine Flüssigkeit und ein Gas: eine Auflösung von Seife ist durchsichtig, die Luft ist durchsichtig, aber man schüttle sie zusammen, so dass ein Schäumen oder Mussiren hervorgebracht wird, so wird dieser Schaum, ob er gleich von zwei durchsichtigen Körpern gebildet wird, undurchsichtig sein; und die Zurückwerfung des Lichts an der Oberfläche dieser innig gemischten Körper, wird durchaus verschieden sein von Dem, was sie vor der Mischung war; in dem einen Fall gibt sie dem Auge ganz einfach eine allgemeine Empfindung des Weissen, während sie in dem anderen die Bilder der Objekte mit ihren Formen und eigenthümlichen Farben sehen lässt.

Um ein weniger grobes Beispiel zu nehmen: der Stickstoff ist vollkommen farblos, der Sauerstoff ist vollkommen farblos; aber in gewissem Verhältniss mit einander verbunden, bilden sie Salpetersäure, ein Gas von dunkler orangebrauner Farbe. Ich weiss nicht, wie die Farbe dieses Gases, oder ähnlicher Gase, des Chlors und der Joddämpfe mit der

Aetherhypothese erklärt werden könnte, ohne moleküläre Veränderungen in der Substanz dieser Gase zu Rate zu ziehen.

Das Licht hängt in mehreren Fällen von der Dicke der Platte oder der Schicht der durchsichtigen Materie ab, auf welche das Licht fällt, wie bei all den Phänomenen, welche man mit dem Namen der Farben dünner Blättchen bezeichnet hat, und von welchen uns die Seifenblasen ein schönes Beispiel geben.

Wenn wir zu den neueren Entdeckungen der doppelten Brechung und der Polarisation gelangen, so werden wir finden, dass die Wirkungen des Lichts in einer gewissen Weise die innerste Natur der von ihm erregten Materie zeichnen, und dass die Krystallform eines Körpers bestimmt werden kann durch die Wirkungen, welche ein kleines Theilchen dieses Körpers auf einen Lichtstrahl ausübt.

Man stelle eine Platte von gutem gewöhnlichen Glas in einen Polarimeter, d. h. ein Instrument, in welchem das potarisirte Licht durch Substanzen geleitet wird, die untersucht werden sollen, und bei seinem Austritt eine andere Substanz durchstreicht, die es ebenfalls zu polarisiren vermag und die man einen Zerleger nennt; man wird keine Wirkung sehen. Man nehme das Glas fort, erwärme und erkälte es plötzlich und schnell, um es in den Zustand des gehärteten Glases zu bringen, in welchem seine Moleküle sich in einem Verhalten der Spannung oder der Pressung befinden: bringt man es zurück in den Polariskop, so wird man eine schöne Farbenreihe erscheinen sehen. Statt dies Glas dem Einfluss der Wärme oder der plötzlichen Kälte auszusetzen, mag man es biegen oder drücken mittelst einer mechanischen Pressung, so werden die Farben ebenfalls sichtbar sein; sie werden verändert sein je nach der Richtung der Biegung und durch ihre Farben die Linien anzeigen, wo der moleküläre Zustand geändert ist. So wenn man dicken Leim, den man in einem Zustande gezwungener Spannung hat erkalten lassen, aufspannt, so bricht er das Licht doppelt und man sieht Farben erscheinen wie bei dem Glase.

Unterwerfen wir eine Reihe von Krystallen der nämlichen Prüfung: man wird in den verschiedenen Krystallen sich verschiedene Figuren bilden sehen in beständigem und bestimmtem Verhältniss mit der eigenthümlichen Struktur des geprüften Krystalls, und mit den Richtungen, nach welchen, in Gemässheit der Krystallform, die Strahlen den Krystall durchwandern.

Unter den krystallisirten weinsteinsauren Salzen hat Herr Pasteur zwei Reihen von Krystallen bekannt gemacht, welche in entgegengesetzten Richtungen hemiedrisch sind: dies will sagen, dass die Krystalle der einen Reihe für diejenigen der anderen Reihe Das sind, was das im Spiegel gesehene Bild für den Gegenstand ist; als er sich gesonderte Lösungen von jeder dieser Klasse von Krystallen hergestellt hatte, fand er, dass die Lösung der einen Klasse die Polarisationsebene nach rechts drehen macht, während diejenige der andern Klasse sie nach links drehen macht, und dass eine Mischung von den beiden Lösungen zu gleichen Theilen die Polarisationsebene nicht mehr abweichen macht. Gleichwol sind diese drei Lösungen Dasjenige, was man isomerisch nennt, d. h. sie haben, soweit man es hat feststellen können, die nämliche chemische Zusammensetzung.

In den vorstehenden und in unzähligen anderen Fällen sieht man, dass eine Veränderung in der Konstitution einer durchsichtigen Substanz den Charakter und die Eigenschaften des von ihr geleiteten Lichtes ändert. Die Erscheinungen der Photographie beweisen, dass das Licht die Konstitution der ihm unterworfenen Materie verändert. Was das Sehen selbst anlangt, so scheint die Beharrlichkeit der Bilder auf der Netzhaut zu beweisen, dass ihre Struktur durch den Stoss des Lichtes verändert wird: die Lichteindrücke sind auf der Netzhaut wie markirt, und die Erinnerungen des Gesichts sind wie die Narben dieser Merkmale. Die Wissenschaft der Photographie hat vornehmlich die festen Substanzen zum Gegenstand; es gibt inzwischen mehrere Beispiele flüssiger oder gasförmiger Körper, die durch die Wirkung des Lichts verändert werden: so erfährt die flüssige Zyanwasserstoffsäure eine chemische Veränderung und setzt, dem Lichteinfluss preisgegeben, eine feste kohlige Materie ab. Das Chlorgas und das Wasserstoffgas, gemischt und im Dunkeln aufbewahrt, vereinigen sich nicht, aber sie verbinden sich reissend um Chlorwasserstoffsäure zu bilden, wenn man sie dem Licht aussetzt.

Die erwähnten Thatsachen und viele andere, die man zitiren könnte, haben stark die Tendenz eine Verbindung zwischen dem Licht und der Bewegung der gewöhnlichen Materie festzustellen und zu beweisen, dass mehrere der Eindrücke, durch welche unsere Sinne uns die Anwesenheit des Lichts kund thun, aus den in der Materie selbst hervorgebrachten Veränderungen hervorgehen. Ist die Materie im festen Zustande, so sind diese Veränderungen mehr oder weniger bleibend: ist sie im flüssigen oder gasförmigen Zustande, so sind sie in der Mehrzahl der Fälle vorübergehend, wofern sich nicht eine chemische Veränderung herstellt, gewissermassen beiläufig hinzugekommen, die sich selbst befestigt und einer festeren Verbindung den Ursprung gibt, als die ursprüngliche Verbindung oder Mischung.

Ich würde meine Leser ermüden, wenn ich die Beispiele vervielfältigte, welche bestimmt sind zu beweisen, dass in allen gründlich geprüften Fällen die Lichtwirkungen durch alle und jede Veränderungen der Struktur umgewandelt werden, und dass das Licht sich im innigen und bestimmten Zusammenhange befindet mit der Struktur der Körper, welche von ihm getroffen werden. Wenn man die Materie der Körper selbst vernachlässigt und Alles dem Aether zuschreibt, einer rein hypothetischen Schöpfung, so muss man annehmen, dass er jedesmal, wenn die Struktur der Körper wechselt, seine Elastizität verändert, man muss annehmen, dass er in die Poren von Körpern dringt, deren Porosität uns in vielen Fällen durchaus nicht bewiesen ist, in Poren ausserdem, die auf eine spezielle und eigenthümliche Weise unter einander in Zusammenhang stehen müssten: das Alles sind ebenso viele Hypothesen als vorgängige Hypothesen da sind, die durch jene gestützt werden sollen.

Der Aether ist ein sehr bequemes Mittel, das sich wunderbar für Hypothesen schickt. So wird denn, wenn zur Erklärung eines gegebenen Phänomens die Hypothese erheischt, dass der Aether elastischer sei, der Aether elastischer gemacht; muss er dichter sein, so macht man ihn dichter; muss er weniger elastisch, weniger dicht sein, so macht man ihn weniger elastisch, weniger dicht, und so des Weiteren.

Die Anhänger der Aetherhypothese haben ohne Zweifel den Vorzug, weil der Aether ein hypothetisches Fluidum ist, dass man nach Willkür seine Charaktere verändern und umgestalten kann, ohne dass es den Gegnern möglich wäre, die Nichtwirklichkeit seiner Existenz und seiner Veränderungen zu beweisen.

Ein furchtbarer Einwand, den man gegen die von mir vertheidigte Meinung erheben kann, ist die Nothwendigkeit eine Art allgemein angefüllten Raumes anzunehmen; denn wenn das Licht, die Wärme, die Elektrizität etc. Erregungen der gewöhnlichen Materie sind, so muss man annehmen, dass die Materie dort überall vorhanden ist, wo diese Phänomene sich zeigen, und dass es folglich keinen leeren Raum gibt. Diese Kräfte werden durch Dasjenige, was man den leeren Raum nennt, fortgeleitet, durch die Zwischenräume der Planeten hindurch, in welchen die Materie, wenn sie dort existirt, sich nicht anders als in einem sehr verdünnten Zustande befinden kann.

Man kann mit Bestimmtheit versichern, dass alle bis jetzt gemachten Versuche, um eine vollkommene Leere herzustellen, gescheitert sind. Die gewöhnliche Luftpumpe gibt uns nur sehr verdünnte Luft; und vermöge des Prinzips ihrer Konstruktion, hängt ihre verdünnende Wirkung, wenn man sie auch noch so vollkommen voraussetzt, von der endlosen Ausdehnung der Luft im Recipienten ab; selbst im Innern des durch sie erlangten leeren Raumes, ist die Tendenz der Materie den Raum zu erfüllen so gross, dass ich gesehn habe wie destillirtes Wasser, im Innern eines mittelst einer guten Maschine entleerten Recipienten in einem Gefässe befindlich, einen Fettgeschmack annahm, der von dem Fett herrührte oder von einem eigenthümlichen Oel in dem Fett, dessen man sich bedient, um zu verhindern, dass die Luft nicht durch die Verbindung der Ränder des Recipienten mit der Platte der Maschine hindurchdringt.

Die torricellische Leere, oder diejenige des gewöhnlichen Barometers, ist voll Quecksilberdampf; aber es würde von einem gewissen Interesse sein, zu untersuchen, was die

Wirkung einer vollkommenen torricellischen Leere, gewonnen durch Erstarrung des Quecksilbers, sein würde. Man würde hierzu ohne grosse Schwierigkeit gelangen vermittelst eines Gemisches von fester Kohlensäure mit Aether; das einzige Hinderniss, worauf man stossen würde, wäre wahrscheinlich durch den Unterschied in der Zusammenziehung des Quecksilbers und des Glases verursacht, und noch wesentlicher durch die Zusammenziehung des Quecksilbers im Momente des Erstarrens. Davy inzwischen hat versucht, die vollkommene Leere auf eine fast ähnliche Weise zu erreichen über geschmolzenem Zinn; aber es ist ihm nur theilweise gelungen; er hat noch andere Versuche gemacht, um eine vollkommene Leere herzustellen; sein hauptsächlichster Zweck war bei diesen Versuchen, die Wirkungen zu entdecken, welche die Elektrizität im vollkommen leeren Raum hervorbringen würde. Er gesteht, dass es ihm nicht gelungen ist, diesen leeren Raum herzustellen; aber er hat festgestellt, dass die Elektrizität in dem besten von ihm erzielten Raum viel schwerer fortgeleitet wird als in der gewöhnlichen boyleschen Leere.

Morgan hat in einer guten torricellischen Leere durchaus keine Fortleitung der Elektrizität gefunden, und wenn gleich Davy nicht viel Vertrauen in die morganschen Versuche setzt, so sind diese doch, in gewisser Beziehung, viel weniger dem Irrthume ausgesetzt als diejenigen von Davy. Morgan, dessen Versuche mit der grössten Sorgfalt scheinen ausgeführt zu sein, operirte mit Induktionselektrizität auf hermetisch durch Schmelzung verschlossene Glasröhren, während Davy einen Platindraht in die Röhre, worin er die Leere hervorbringen wollte, einsiegelte. Ich habe bei zahlreichen Versusuchen, um die Luft gänzlich aus dem Wasser zu treiben, gesehen, dass die Platindrähte, auch mit der grössten Sorgfalt in das Glas gesiegelt, der Flüssigkeit gestatteten, zwischen ihnen und dem Glas durchzusickern; und dies ist ein starker Grund zu glauben, dass auch die Gase durch solche Zwischenräume dringen können, wenn auch in so ausserordentlich kleiner Menge, dass es eine lange Zeit erfordern würde, um durch die gewöhnlichen Reagentien ihre Anwesenheit nachzuweisen. Davy nahm an, dass die Theilchen der Körper sich ablösen und so im leeren Raum elektrische Erscheinun-

gen erzeugen könnten; nun erzeugten sich aber diese Wirkungen viel leichter bei seinen Versuchen, weil ein Platindraht in die Mitte des leeren Raumes drang, als bei den
Versuchen Morgans, wo die induzirte Elektrizität über die
Oberfläche des Glases zerstreut war. Der Geruch, welchen
mehrere Metalle von sich geben, das Eisen, das Zinn, das
Zink, und die sogenannten thermographischen Strahlen, lassen
sich schwerlich anders erklären, als durch die Verdünstung
einer unendlich kleinen Menge des Metalles selbst.

Die Tendenz der Materie sich im Raume zu zerstreuen
ist so gross, dass sie zu dem alten Sprüchwort Anlass gegeben hat, die Natur habe einen Abscheu vor der Leere;
dies Aphorisma, worüber man so viel gestichelt hat, und das
der Dünkel der modernen Physiker so viel lächerlich gemacht
hat, verbirgt in einem klaren Ausdruck, wenn gleich in etwas
metaphorischer Form, eine sehr tiefe Wahrheit; es beweist,
dass Diejenigen, welche zuerst mittelst dieses Ausspruchs die
Thatsachen, deren Kenntniss sie besassen, in einen allgemeinen
Ausdruck gefasst haben, in der Beobachtung sehr weit gekommen waren, so sehr sie auch der Untersuchungsmittel
entbehrten, welche wir besitzen.

Man hat den Einwand gemacht, dass, wenn die Materie
einer unendlichen Theilbarkeit fähig wäre, die Atmosphäre
der Erde keine Grenze haben könnte, dass folglich Theile
dieser Atmosphäre noch an Punkten des Raumes existiren
müssten, wo die Anziehung der Sonne und der Planeten grösser sind als die Anziehung der Erde, und von wo sie ent-
weichen würden, um eine neue Atmosphäre um die Körper
zu bilden, deren Atmosphäre das Uebergewicht hat.

Die Frage nach der unendlichen Ausdehnung der Erdatmosphäre ist im verneinenden Sinne beantwortet worden
in der Denkschrift, wo Wollaston von der Thatsache ausgehend, dass am Rande der Sonne und des Planeten Jupiter
eine wahrnehmbare Strahlenbrechung fehlt, sich befugt glaubt
zu schliessen, dass die Erdatmosphäre eine Grenze hat, dass
sie an irgend einem Punkte durch die Schwere im Gleichgewicht erhalten wird. Der Dr. Whewell hat gezeigt, dass
diese Beweisführung von Wollaston nicht folgerichtig ist;
der Dr. Wilson hat sie, mit anderen Gründen, auch bekämpft.

Es gibt einen Punkt, auf den man in diesen Denkschriften nicht aufmerksam gewesen ist und von dem sich Wollaston keine Rechenschaft scheint gegeben zu haben; dies ist, dass durch Nichts bewiesen wird, dass die anscheinenden Scheiben der Sonne und des Jupiter die wirklichen Scheiben dieser Körper sind. Sir W. Herschel sieht die Ränder der sichtbaren Scheiben als diejenigen von Wolken oder von einer eigenthümlichen Atmosphäre an; und der Anblick, wie die anscheinenden Oberflächen dieser Gestirne so schnell wechseln, macht diesen Schluss fast nothwendig. Wenn dem so ist, dann kann das Brechungsvermögen eines verhüllten Gestirnes nicht nachgewiesen werden, zum Mindesten in den dichtesten Partien der Atmosphäre.

Die Beobachtungen von Sir W. Herschel haben die Tendenz zu beweisen, dass die Sonne und Jupiter ganz dichte Atmosphären haben, während diejenigen von Wollaston zu beweisen schienen, dass diese Gestirne keine merkbare Atmosphäre haben.

Wenn man annimmt oder als bewiesen erachtet, dass die Sonne und die Planeten Atmosphären haben, und darüber herrscht kaum noch ein Zweifel, so stürzt das Fundament, welches den Räsonnements von Wollaston als Grundlage dient, zusammen; und es scheint, es sei kein Grund vorhanden nicht anzunehmen, dass die Atmosphäre der verschiedenen Planeten in der Beziehung der einen zu den anderen sich in einem Zustande des Gleichgewichts befinden. Der Aether oder die sehr verdünnte Materie, welche die Räume inmitten der Planeten ausfüllt, wäre somit eine Ausdehnung aller dieser Atmosphären, oder von einigen, oder ihrer flüchtigsten Elemente und lieferte so das nöthige Material zur Fortpflanzung der Bewegungsarten, welche wir mit den Namen Licht, Wärme, etc. bezeichnen, und es ist nicht unmöglich, dass feine Portionen dieser Atmosphäre, durch stufenweise Veränderungen, von einem Planeten bis zum anderen gehen, ein materielles Vereinigungsmittel zwischen den getrennten Monaden des Weltalls bildend.

Die Ansichten, welche hier entwickelt werden, vermitteln die Theorie einer Fortpflanzung des Lichts durch die Schwingungen der gewöhnlichen Materie mit den beiden anderen Theorien, welche ebenfalls die Nichtexistenz des Leeren annehmen; denn nach der Emissions- oder Korpuskulartheorie ist der leere Raum vom Stoffe des Lichtes, der Wärme etc. selbst angefüllt, während er, bei der Aethertheorie, vom Aether angefüllt ist, der Alles durchdringt.

Wir haben einigen Beweis für das Vorhandensein der Materie in den Zwischenräumen der Planeten an der Abkürzung der Periode des Umlaufs bei den Kometen; und in dem Falle, wo aus dem Grunde seiner äussersten Verdünnung der Charakter des Mittels, durch welches die Kräfte fortgepflanzt werden, nicht nachgewiesen werden kann, ist der Ausdruck „Aether" ein ganz geeigneter allgemeiner Name, um dies Mittel zu bezeichnen.

Man findet bei Newton einige merkwürdige Stellen über die Lichtmaterie. In seinem „Queries to the optics," Fragen bezüglich der Optik, sagt er: „Sind die groben Körper und das Licht nicht in einander verwandelbar? und ist es nicht möglich, dass die Körper Viel von ihrer Thätigkeit den Lichttheilchen entlehnen, welche in ihre Zusammensetzung eingehen?"

. . . . „Die Umwandlung der Körper in Licht, und des Lichts in Körper ist durchaus dem Laufe der Natur angemessen, welche ein Vergnügen an diesen Umwandlungen zu finden scheint. Das Wasser, welches ein flüssiges und geschmackloses Salz ist, verwandelt sich durch die Wärme in Dampf, welcher eine Art Luft ist, und durch die Kälte in Eis, welches ein harter durchsichtiger, zerbrechlicher, schmelzbarer Stein ist, und dieser Stein wird wieder zu Wasser durch die Wärme, wie der Dampf durch die Kälte in den Zustand des Wassers zurückkehrt." . . . . „Und unter so verschiedenen und seltsamen Umwandlungen, warum sollte da die Natur die Körper nicht in Licht, das Licht nicht in Körper verwandeln?"

Newton hatte hier wahrscheinlich die Emissionstheorie des Lichtes im Auge; aber diese Stellen sind anwendbar auf jede andere Theorie; die Analogie, welche er zwischen der Umänderung des Zustands in der Materie, wie Eis, Wasser, Dampf, und der hypothetischen Umsetzung der Materie in

Licht sieht, ist wahrhaft schlagend, und scheint zu beweisen, dass er die Veränderung oder die Verwandlung, von welcher er spricht, als gleichartig ansieht mit den bekannten Veränderungen des Zustands oder der Festigkeit gewöhnlicher Materie.

Der Unterschied der von mir vertheidigten Meinung und derjenigen der Aethertheorie in ihrer allgemein ausgesprochenen Form ist, dass die Materie, welche in den planetarischen Zwischenräumen als Mittel der Uebertragung von Licht und Wärme durch ihre Schwingungen dient, von mir so angesehen wird, als wenn sie die Eigenschaften der gewöhnlichen Materie besitzt, oder wie man gewöhnlich sagt: der groben Materie, und insbesondere das Gewicht, ob sie gleich, wegen ihrer äussersten Verdünnung, diese Eigenschaften nicht anders als in einem äusserst geringen Grade zeigen kann; dagegen nimmt diese Materie auf der Erdoberfläche einen Grad von Dichtigkeit an, den wir mit unsern Mitteln zum Experimentiren messen können, und die Materie ist selbst in grossem Masse der Leiter der Schwingungen, welche diese verschiedenen Agentien darstellen. In verschiedenen Formen, die sie annimmt, ist die Materie ohne allen Zweifel porös und durchdrungen von mehreren flüchtigen Substanzen, welche ebenso sehr nach ihrer Natur verschieden sein können, als die vorhandenen Materien; es entsteht in diesem Falle ein zusammengesetztes Mittel, ähnlich dem vom Doktor Joung aufgestellten; aber auch in diesem Falle ist wahrscheinlich die dichteste Materie diejenige, welche den stärksten Einfluss bei den Schwingungen hat. Blicken wir zurück auf die etwas gezwungene Hypothese, welche will, dass die Theilchen der dichten Materie in den sogenannten festen Körpern sich in eben solchen Abständen von einander befinden, als die Sterne im Firmament, so muss man nichts desto weniger annehmen, dass eine gewisse Tiefe oder Dicke eines ähnlichen festen Körpers an jedem Punkte des Raums ein Theilchen darstellt, das sich wie ein der fortschreitenden Wellenbewegung sich widerstellendes Hinderniss oder brechendes Mittel verhält, und dass diese Theilchen, um die Bewegung fortzupflanzen, harmonisch mitschwingen müssen.

In Kürze will unsere Hypothese von der einen Seite,

dass überall wo Licht, Wärme etc. ist, auch gewöhnliche
Materie sei, ob sie gleich so verdünnt sein kann, dass wir
ihre Gegenwart nicht durch die anderen Kräfte, wie die
Schwere, erkennen können, und dass man annehmen muss,
ihrer Ausdehnbarkeit sei keine Grenze zu setzen. Von der
anderen Seite, bei der entgegengesetzten Hypothese, muss
man eine spezifische Materie ohne Schwere annehmen, deren
Existenz nicht behauptet werden kann, als bei der Annahme
von Erscheinungen, deren Erklärung eben diese Existenz voraussetzt. Um die Phänomene zu erklären, greift man zum
Aether, und um die Existenz des Aethers zu beweisen, greift
man zu den Phänomenen. Aus diesen und anderen schon
angeführten Gründen mein' ich, dass die Hypothese der allgemeinen Verbreitung der gewöhnlichen Materie, die am Wenigsten gewagte ist.

Ουδεν τι του παντος κενον πελει ουδε περισσον.

Magnetismus.

Der Magnetismus, wie durch die wichtigen Entdeckungen
von Herrn Faraday bewiesen ist, erzeugt Elektrizität,
aber bei dieser Eigenthümlichkeit, dass der Magnetismus
eine statische Kraft ist, und dass man, um mittelst desselben einen dynamischen Effekt zu erzielen, ihm die Bewegung hinzufügen muss; er ist thatsächlich richtend, nicht bewegend, die Richtung der anderen Kräfte verändernd, aber
nicht, um genau zu reden, ihnen den ersten Impuls gebend.
Es ist schwer sich eine klare Idee von der magnetischen
Kraft zu machen, sowie von ihrer Art auf die anderen Kräfte
zu wirken. Der nachstehende Vergleich kann eine vage Idee
von Demjenigen geben, was man magnetische Polarisation
nennt. Nehmen wir eine gewisse Zahl Wetterfahnen an, ins-
gesammt von der Form eines Pfeiles, denken wir uns, dass
die Stifte, worauf sie sich drehen, alle in grader Linie stehen,
und dass im Anfang ihre Richtung verschieden ist; der Wind
welcher von einem einzigen Punkte des Raumes aus und mit
gleichförmiger Stärke zu wehen beginnt, wird alle diese Windfahnen in eine und die nämliche Richtung bringen; die
Spitzen der Pfeile oder die spitzen Theile werden alle die
nämliche Richtung des Himmels ansehen; die Hintertheile
oder die breiten Partien werden die entgegensetzte Seite ansehn; wenn sie zart auf einem Stifte haften, wird eine leise
Brise sie parallel stellen; eine andere leise Brise wird sie von

Neuem in paralleler Richtung ablenken; wenn der Wind aufhört und wenn sie ursprünglich unter dem Einfluss anderer Kräfte, z. B. der Schwere, gewesen sind, und in einer verschiedenen Befestigungsweise, so werden sie in ihre unregelmässige Stellung zurückkehren, indem sie selbst bei ihrer Umkehr einen kleinen leichten Wind verursachen. Dieser ursprüngliche Zustand der verschieden gerichteten Windfahnen entspricht dem Zustande der Moleküle des weichen Eisens; vor jeder elektrischen Einwirkung macht die Elektrizität, welche auf sie zu wirken beginnt, nicht in grader Richtung, wie der Wind, sondern in einer bestimmten Richtung, dass sie eine polare Anordnung annehmen, welche sie verlieren werden, wenn man die dynamische Kraft entfernt, von welcher die Induktion verursacht wurde.

Nehmen wir jetzt an, dass anstatt sich mit Leichtigkeit zu drehen, die Windfahnen auf ihren Stiften reiben, der Art, dass sie nur schwer ihre Richtung ändern können; es bedarf, um sie zu bewegen und in parallele Richtung zu bringen, eines viel stärkeren Windes; aber sie werden auch, wenn sie einmal gerichtet sind, ihre Stellung beibehalten; selbst dann, wenn eine leichte Brise in einer anderen Richtung weht, werden sie unbewegt bleiben und es wird im Gegentheil der Wind sein, welcher seinerseits leicht abgelenkt wird. Wenn wir ein mittleres Verhältniss annehmen, von Trägheit für die Windfahnen, von Kraft für den Wind, so werden Fahnen und Wind gleichzeitig gelinde von ihrer ursprünglichen Richtung abgelenkt werden; wenn kein Wind weht, und wenn es die Axen der Windfahnen sind, welche man in eine gewisse Richtung zieht, indem man sie in der nämlichen graden Richtung festhält, so wird die Veränderung dieser Axen selbst eine Brise oder einen Wind verursachen. Dies ist dasjenige was dem gehärteten Eisen widerfährt oder dem Stahl der bleibenden Magnete. Sie können nur mit äusserster Mühe polarisirt werden; und wenn sie polarisirt sind, so rührt sie ein schwacher elektrischer Strom nicht mehr. Im Uebrigen werden die Magnete, wenn man sie bewegt, selbst einen elektrischen Strom verursachen; endlich werden die magnetische Polarität und der elektrische Strom alle beide durch ihren gegenseitigen Einfluss verändert werden, wenn sie sich in einem mittlern Zustand zwischen Beharrlichkeit und Beweglichkeit befinden.

Der vorstehende Vergleich darf nur angesehen werden als geeignet, eine annähernde Idee von den Phänomenen zu geben. Ich habe keineswegs die Absicht gehabt mich desselben zu bedienen, um eine engere Analogie aufzustellen als diejenige, welche man von einer mechanischen Vorstellung erwarten darf. Es ist schwer mit Hilfe der Worte eine recht bestimmte Idee von dem Charakter der Zweiheit und des Gegensatzes zu geben, welche in der mit dem Namen Polarität bezeichneten Kraft stecken. Der Vergleich zu welchem ich meine Zuflucht genommen, wird ein wenig, so hoff' ich, dazu nützen, die Art aufzuklären, wie der Magnetismus auf die anderen dynamischen Kräfte wirkt, d. h. indem er ihnen eine bestimmte Richtung gibt, aber ohne sie ursprünglich zu erzeugen, es sei denn, dass er sich selbst in Bewegung befindet.

Die Magnete, wenn sie in der Richtung der Linie bewegt werden, welche ihre Pole verbindet, verursachen in den benachbarten Körpern, welche Leiter der Elektrizität sind, Ströme, deren Richtung senkrecht zu der Linie ist, in welcher die Magnete sich drehen; verändert man die Richtung dieser Bewegung oder dreht man die Pole der Magnete um, so zirkulirt der elektrische Strom selbst im entgegengesetzten Sinn. Ebenso, wenn der Magnet fest bleibt, aber die leitenden Körper sich quer durch die Kraftlinien des Magnetismus bewegen, d. h. durch die Linien, nach deren Richtung die wechselseitige Thätigkeit der Pole des Magneten kleine Eisentheilchen vertheilen würde, so werden sich im Innern dieser leitenden Körper elektrische Ströme entwickeln, in Richtungen, welche von der Richtung abhängen, in welcher die leitende Substanz im Verhältniss zu den Polen des Magnets abgelenkt wird. So also, gleichmässig, wie von elektrischen Strömen durchlaufene Körper in Richtungen sich bewegen, die von der Wirkung eines ihnen benachbarten Magneten abhängen, entwickeln sich, umgekehrt, elektrische Ströme in Körpern, die in der Nachbarschaft eines Magneten bewegt werden. Der Magnetismus kann also durch die Vermittlung der Elektrizität, Wärme, Licht, chemische Verwandtschaft erzeugen; er kann unmittelbar, unter den eben festgestellten Bedingungen, die Bewegung erzeugen, dies will sagen, dass ein Magnet, der selbst bewegt wird, die anderen eisenhaltigen Substanzen bewegen wird; diese gelangen unter dem Einfluss des Magneten in einen Zustand stabilen Gleichgewichts, und bewegen sich von Neuem wenn der Magnet sich wieder bewegt. Nur durch mitgetheilte oder angehaltene Bewegung hat uns der Magnetismus bekannt werden können. Ein Magnet, wenn er auch stark wäre, kann unbemerkt, unbekannt bleiben, wenn es sich nicht ereignet, dass er in der Nähe von Eisen in Bewegung gesetzt wird, oder dass Eisen in seiner Nähe bewegt wird, in der Art, dass der eine und das andere in ihre Sphäre wechselseitiger Anziehung gebracht werden.

Ausser den eigentlichen magnetischen Substanzen, oder denjenigen Substanzen, welche von elektrischen Strömen durchlaufen werden, bewegen sich alle Körper, wenn man sie in die Nachbarschaft eines starken Magneten bringt; einige nehmen die Axenstellung an, oder stellen sich in die Richtung der Linie, welche die zwei Pole des Magneten verbindet; andere stellen sich äquatorial oder in der zu der Pollinie senkrechten Richtung: die ersteren verhalten sich wie angezogen, die zweiten wie zurückgestossen von den Polen des Magneten. Diese Wirkungen beweisen, nach der Ansicht des Herrn Faraday, eine allgemeine oder wesentliche Verschiedenheit zwischen den zwei Klassen der Körper, die magnetischen Körper und die diamagnetischen Körper; nach anderen Autoren ist dieser Unterschied nicht wesentlich, sondern nur relativ; nach ihnen wäre die weniger magnetische Substanz gezwungen die quere Stellung anzunehmen nach Massgabe der Magnetisirung des mehr magnetischen Mittels, von welchem sie umgeben werden.

Bei der Anschauungsweise, welche ich auseinandergesetzt habe, kann der Magnetismus durch die anderen Kräfte erzeugt werden, ebenso wie die als Beispiel benutzten Windfahnen in einer bestimmten Richtung abgeleitet werden können; aber der Magnetismus kann nur so lange die anderen Kräfte erzeugen, als er in Bewegung ist; die Bewegung also muss, in diesem Fall, als die anfängliche oder ursprüngliche Kraft angesehen werden. Der Magnetismus aber erregt unmittelbar die anderen Kräfte, das Licht, die Wärme, die chemische Verwandtschaft indem er ihre Richtung, ihre Wirkungsweise verändert, oder zum Mindesten erregt er dergestalt die Materie, welche dem Einfluss dieser andren Kräfte unterworfen ist, dass ihre Richtung oder ihre Wirkungsweise verändert sind. Seit ich diese Vorlesungen gehalten habe, hat Herr Faraday eine beachtenswerte Wirkung der magnetischen Kraft auf einen polarisirten Lichtstrahl entdeckt.

Lässt man einen polarisirten Lichtstrahl durch Wasser gehen, oder durch irgend ein flüssiges oder festes durchsichtiges Mittel, welches seine Polarisationsebene nicht verändert oder dreht, und unterwirft man dies Mittel, die Wassersäule z. B., durch welche der Lichtstrahl hindurch geht, der Wirkung eines starken Magneten, der so gestellt ist, dass die Linie der magnetischen Kraft oder die Linie, welche die Pole des Magneten verbindet, parallel ist mit der Richtung des polarisirten Strahles, so gewinnt das Wasser, im Verhältniss zum Lichte, ähnliche wenn nicht ganz gleiche Eigenschaften mit denjenigen der Therpenthinessenz; dies will sagen, dass es die Polarisationsebene des Strahles sich drehen macht, und dies bald in einem, bald im anderen Sinn, je nach seiner Richtung in Bezug auf die magnetische Kraft. Somit also, wenn wir voraussetzen, dass der polarisirte Strahl zuerst vom Nordpol des Magneten zum Südpol geht, dann zwischen dem Nord- und Südpol, so wird die Polarisationsebene nach rechts gebeugt oder gedreht werden, während, wenn er vom Südpol zum Nordpol geht, er sich zwischen dem Süd- und Nordpol wenden und nach links drehen wird. Ist die Substanz, durch welche der Strahl geht, an sich selbst im Stande die Polarisationsebene zu drehen oder umzukehren, ist es z. B. Therpenthinessenz, dann wird die Wirkung des Magnetismus die sein, dass diese Drehung vermehrt oder vermindert wird, in dem Sinne, wie der Strahl sich fortpflanzt. Man bemerkt eine ähnliche Wirkung bei der polarisirten Wärme, wenn das Mittel, durch welche sie geht, dem magnetischen Einflusse unterworfen wird.

Ist diese Wirkung des Magnetismus strenge genommen und im eigentlichen Sinne des Worts eine auf das Licht und auf die Wärme ausgeübte Wirkung? oder ist es vielmehr bloss das Resultat einer Molekülveränderung in der Materie,

welche das Licht und die Wärme durchlässt? Dies ist eine
Frage, deren Lösung man von der Zukunft erwarten muss;
die Antwort, welche man für jetzt geben kann, hängt von der
Theorie ab, welche man annimmt; nimmt man meine Weise
an die Wärme und das Licht zu beurtheilen, so kann man
kurzweg bekräftigen, dass der Magnetismus bei diesen Versuchen direkt auf die anderen Kräfte wirkt; denn weil das
Licht und die Wärme nach meiner Meinung Bewegungen der
gewöhnlichen Materie sind, so verursacht der Magnetismus,
indem er diese Bewegungen verursacht, gleichzeitig die Kräfte,
aus welchen sie bestehen. Wenn man jedoch den anderen
Systemen treu bleibt, so entspricht es mehr den Thatsachen,
diese Resultate so anzusehn, dass sie eine auf die Materie
selbst einwirkende Thätigkeit beweisen; das Licht und die
Wärme wären dann nur in zweiter Stelle oder mittelbar
erregt.

Wenn man, während eine Substanz eine chemische Veränderung erfährt, ihr einen Magnet nähert, so wird die
Richtung oder die Linie, nach welcher die chemische Kraft
wirkt, verändert. Es gibt mehrere schon alte Versuche, die
wahrscheinlich durch diesen Einfluss erklärt werden müssen;
aber man hat sie schlecht erläutert, indem man sie für einen
Nachweis ausgab, dass der anhaltende Magnetismus die chemische Thätigkeit erzeugen oder vermehren kann; die Herren
Hunt und Wartman haben die Versuche neuerdings erweitert
und sie werden jetzt besser verstanden.

Die eben erwähnten Fälle treffen mit dem Gegenstande
dieser Abhandlung zusammen, aus dem Grunde, weil sie die
Wirklichkeit der Beziehung zwischen dem Magnetismus und
den übrigen Kräften nachweisen, ein Verhältniss, das, nach
aller Wahrscheinlichkeit, eine Wechselwirkung ist; aber man
muss wohl beachten, dass in diesen nämlichen Fällen keine
Erzeugung von Licht, Wärme, chemischer Verwandtschaft
durch den Magnetismus stattfindet, sondern lediglich eine
Veränderung in der Richtung dieser Agentien oder in ihrer
Wirkungsweise.

Es gibt inzwischen Etwas, das man ansehen kann als
einen dynamischen Zustand des Magnetismus; dies ist der
Zustand, in welchem er sich inmitten seines Anfangs und sei-

nes Endes befindet, oder während des Wachsens und während der Abnahme seiner Entwicklung.

Während der Zeit, dass das Eisen und der Stahl im Begriff sind, magnetisch zu werden, während sie vom nicht magnetischen Zustande zur Höhe ihres magnetischen Zustandes übergehen, oder während sie von dieser Höhe auf Null zurückkehren, entfalten sie eine dynamische Kraft; ihre Moleküle sind, dies kann man annehmen, in Bewegung. In diesem Zustande können sie ähnliche Wirkungen hervorbringen mit denen, welche ein bewegter Magnet macht.

Ein Versuch, den ich im Jahre 1845 veröffentlicht habe, ist sehr geeignet, wie ich glaube, diesen Gegenstand aufzuhellen und bis auf einen gewissen Punkt den Charakter der Bewegung nachzuweisen, welche während der Periode der Magnetisirung den Molekülen eines magnetischen Metalls mitgetheilt wird. Man füllt eine Röhre mit einer Flüssigkeit, in welcher als sehr feines Pulver niedergeschlagenes magnetisches Eisenoxyd schwimmt, man schliesst die Röhre an beiden Enden mit Eisenplatten, und man umgibt sie mit einem Schraubengewinde von Kupferdraht, der von einer isolirenden Substanz umgeben ist. Für den Beobachter, welcher durch die Röhre schaut, nimmt jedesmal, wenn der Strom durch den Draht geht, das Licht zu; und wenn der elektrische Strom aufhört, vermindert sich das durchgehende Licht, was beweist, dass unter dem Einfluss des Magnetismus die feinen Moleküle des magnetischen Oxyds eine symmetrische Anordnung annehmen.

Es ist von Wichtigkeit bei diesem Versuche sich zu vergegenwärtigen, dass die Moleküle des Eisenoxyds nicht von Menschenhand geformt sind, wie dies mit der Eisenfeile der Fall sein würde, oder mit anderen kleinen Theilchen magnetischer Materie, dass vielmehr, weil dies Eisenoxyd chemisch niedergeschlagen ist, seine Moleküle die Form haben, welche ihnen die Natur gegeben hat.

Während der Magnetismus sich in dem hier angegebenen Zustande des Wechsels oder der Veränderung befindet, kann er die anderen Kräfte hervorbringen; aber man könnte vielleicht entgegnen, dass, während der Magnetismus so im Fortschreiten ist, andere Kräfte auf ihn wirken, und dass man folglich nicht ihm die ursprüngliche Wirksamkeit zuschreiben kann;

das ist wahr, aber man kann das Nämliche von allen anderen
Kräften sagen: sie haben keinen Anfang, den wir anzugeben
vermöchten. Wir müssen immer rückwärts blicken und sie
auf eine vorhergehende Kraft beziehen, die an Stärke der
nachfolgenden Kraft gleich ist; und folglich kann das Wort
„Anfang," „anfängliche oder ursprüngliche Kraft" nicht in
rigoröser Bedeutung angewendet werden, man kann es nur als
die Bezeichnung der Kraft nehmen, welche man als erste oder
als Ausgangspunkt ausgewählt hat; dies ist ein anderer Grund
zu Gunsten Dessen, was wir gesagt haben, dass die Idee absoluter Ursächlichkeit auf die Entstehung physischer Wirkungen keine Anwendung findet. Ich werde wieder auf diesen
wichtigen Punkt zurückkommen.

Die Elektrizität kann somit direkt erzeugt oder hervorgerufen werden, entweder wenn ein Magnet in Masse bewegt
wird, oder wenn sein Magnetismus anfängt, zunimmt, abnimmt,
aufhört; auch die Wärme kann auf eine ähnliche Weise durch
den Magnetismus erzeugt werden. Seit der ersten Veröffent-
lichung dieser Abhandlung hab ich der Königlichen Gesellschaft eine Denkschrift mitgetheilt, in welcher ich auf eine
genügende Weise glaube gezeigt zu haben, dass jedesmal,
wenn ein Metall, das magnetisirbar ist, magnetisch gemacht
oder magnetisirt wird, seine Temperatur steigt; ich hab es
bewiesen, zuerst indem ich eine Stange von Eisen, Kobald oder
Nickel dem Einfluss eines starken Elektromagneten unterwarf,
der plötzlich magnetisirt oder entmagnetisirt wurde; weil dieser Elektromagnet kalt erhalten wurde, indem er sich in einem
Wasserbehälter befand, dessen Wasser beständig erneut wurde,
so konnte man die Temperaturerhöhung des magnetischen
Metalls, das der Einwirkung des Elektromagneten unterworfen war und wärmer würde als dieser keiner Wärme zuschreiben, die von ihm durch Leitung oder Strahlung gekommen
wäre; ich habe zweitens dieselbe Thatsache nachgewiesen,
indem ich einen mit seinen Polen einer Eisenstange gegenüber gestellten Magneten aus Stahl sich drehen liess und die
Temperaturerhöhung mass mittelst einer dem Elektromagneten gegenüber gestellten thermo-elektrischen Säule.

Der Doktor Maggi hatte eine Platte von homogenem
weichen Eisen mit einer feinen Schicht mit Oel vermischten

Wachses bedeckt und liess das Zentrum der Platte von einem
Rohr durchbohrt werden, durch das der Dampf siedenden
Wassers strömte. Er stellte die Platte in Ruhe über den
Polen eines Elektromagneten, indem er Sorge trug, sie durch
ein Blatt Pappe davon getrennt zu halten. Solang denn das
Eisen nicht magnetisirt war, nahm das geschmolzene Wachs
eine zirkuläre Form an, indem das Rohr den Mittelpunkt des
Kreises einnahm, wenn dagegen der Elektromagnet in Thätigkeit gesetzt war, nahm die von den Grenzen des geschmolzenen Wachses gebildete Form eine andere Form an und ver-
längerte sich in einer zu der Verbindungslinie der Pole senkrechten Richtung, was beweist, dass das Leitungsvermögen
des Eisens für die Wärme durch die Magnetisirung verändert war.

Wir haben also Wärme, die durch den Magnetismus
hervorgebracht wird, und das Leitungsvermögen für die
Wärme verändert in einer bestimmten, zu der magnetischen
Kraft verhältnissmässigen Richtung. Ist es nöthig, den Aether
oder ein anderes ontologisches Etwas, den Wärmestoff, zu
Hilfe zu rufen, um diese Resultate zu erklären? Ist es nicht
rationeller, diese Wärmewirkungen so anzusehen, dass sie von
einer Veränderung in der Anordnung der Moleküle der Materie
herrühren, die dem magnetischen Einflusse unterworfen ist?

Es ist durchaus wahrscheinlich, dass der Magnetismus
in seinem dynamischen Zustande, sei es, dass der Magnet bewegt wird, sei es, dass die Stärke des Magnetismus variirt, auch
unmittelbar die chemische Verwandtschaft und das Licht erzeugt, ob man gleich bis jetzt nicht bewiesen hat, dass dem
so ist; die umgekehrte Wirkung ebenfalls, dass der Magnetismus direkt durch das Licht und die Wärme erzeugt wird,
ist durch das Experiment noch nicht nachgewiesen.

Ich habe mich zum Zweck der Unterscheidung der Wörter „dynamisch“ und „statisch“ bedient, um die verschiedenen Zustände des Magnetismus zu bezeichnen. Die Anwendung dieser Wörter kann Stoff zu einigen Einwendungen geben, aber ich kenne keine anderen Ausdrücke, welche so
gut meinen Gedanken ausdrücken.

Der statische Zustand des Magnetismus gleicht dem
statischen Zustande der anderen Kräfte: wie der Zustand

der Spannung bei einem Wagebalken, oder wie das Gleichgewicht der leydner Flasche, wenn sie mit Elektrizität geladen ist. Die alte Definition der Kraft war diese, dass sie eine Veränderung in der Bewegung verursacht; aber diese Definition gewährt Schwierigkeiten: bei einem Falle statistischen Gleichgewichts, ähnlich z. B. demjenigen, welchen wir zwischen den beiden Armen einer Wage erhalten, gewinnen wir die Idee der Kraft ohne irgend eine wahrnehmbare Bewegung: ist hier in der That ein Fehlen der Bewegung vorhanden? Man könnte daran zweifeln; denn dies Fehlen würde, in dem angeführten Fall, eine vollkommene Elastizität voraussetzen, und in allen anderen Fällen eine Stätigkeit, gegen welche im Allgemeinen die Natur sich sträubt, wenn wir sie während einer genugsam langen Zeit beobachten, was, nach meiner Ansicht, eine unzertrennliche Verbindung zwischen der Materie und der Bewegung beweist und die Unmöglichkeit eines ganz ruhigen und dauernden Zustandes. Es ist ebenso mit dem Magnetismus: ich glaube nicht, dass ein Magnet in einem unbedingt unbeweglichen Zustande existiren kann, wenngleich seine Stabilität proportional ist dem Widerstande, welchen er ursprünglich seinem Uebergange in den polaren Zustand entgegengesetzt hat.

Was hier eben gesagt wurde, kann gleichwol nur als Stoff zu einer Meinung angesehen werden; wir haben, um sie zu stützen, die allgemeine Thatsache, dass die Magnete mit den Jahren von ihrer Kraft einbüssen, und die noch allgemeinere Thatsache der Unbeständigkeit, des unaufhörlichen Fluktuationszustandes der ganzen Natur, welcher Demjenigen nicht entgeht, welcher sie aufmerksam in verschiedenen, entfernten Perioden beobachtet; in vielen Fällen jedoch ist die Thätigkeit so langsam, dass die Veränderungen der Beobachtung der Menschen entgehen, und bis dahin, dass sich diese Beobachtung über eine verhältnissmässig genugsam lange Zeitperiode erstreckt, lässt sich die Wirklichkeit dieser Veränderung nicht ansehen als bewiesen durch das Experiment oder durch Induktion. Es liegt die Nothwendigkeit vor sie der geistigen Ueberzeugung Derjenigen zu überlassen, welche sie mit dem Lichte der schon bekannten Thatsachen prüfen.

Alle Fälle von statischer Kraft bieten die nämlichen Schwierigkeiten dar: so muss man von zwei gespannten Federn, die auf einander drücken, sagen, dass sie eine reelle Kraft entwickeln; und gleichwol ist da keine hervortretende Bewegung, keine Wärme, kein Licht etc.

So wird, wenn man ein Gas mittelst eines Stempels komprimirt, im Augenblicke der Compression Wärme entwickelt; aber abgesehen von dieser ersten Entwicklung gibt es dann, wenn der Druck auch fortdauert, keine Wärmebildung mehr. So verschwindet bei entgegengesetzten sich im Gleichgewicht haltenden Kräften die Bewegung, oder sie ist nur noch der Möglichkeit nach vorhanden, sie ist dagewesen und sie kann wiederkehren, wenn die Kräfte aus ihrem Zustande der Spannung befreit sind.

Ebenso wie für die Wärme, das Licht, die Elektrizität, trachten die aufgehäuften täglichen Beobachtungen zu zeigen, dass jede bei den mit diesen Namen bezeichneten Phänomenen hinzugetretene Veränderung, von einer theils temporären, theils andauernden Veränderung in der Materie begleitet ist, welche ihrem Einfluss unterliegt. So haben auch die neusten Versuche über den Magnetismus eine Verbindung nachgewiesen zwischen den magnetischen Phänomenen und den molekülären Veränderungen der Materie, welche ihnen als Unterlage dienen.

So hat Herr Wertheim gezeigt, dass die Elastizität des Eisens und des Stahls durch die Magnetisirung alterirt wird: der Elastizitätscoëfficient nimmt für das Eisen zeitweilig ab, auf eine anhaltende Weise für den Stahl. Er hat auch die Wirkungen der Drehung auf das magnetisirte Eisen geprüft, und er schliesst aus diesem Versuche, dass in einer in das magnetische Gleichgewicht gebrachten Eisenstange eine vorübergehende Drehung den Magnetismus vermindert, und dass die Umdrehung oder die Rückkehr in den ursprünglichen Zustand, den Magnetismus zu seiner ursprünglichen Stärke zurückführt.

Herr Guillemin hat beobachtet, dass eine durch ihr eignes Gewicht leicht gebogene Stange sich wieder richtet, wenn man sie magnetisirt.

Herr Page und Herr Marrion haben beobachtet, dass ein

Ton entsteht, wenn das Eisen oder Stahl plötzlich magneti- sirt oder entmagnetisirt werden, und Herr Joule hat gefun- den, dass eine Eisenstange durch die Magnetisirung sich gelinde verlängert.

Im Uebrigen, was die diamagnetischen Körper betrifft, so hat Herr Matteucci gefunden, dass die mechanische Pres- sung des Glases sein Vermögen verändert, die Polarisations- ebene eines Lichtstrahls zu drehen. Er hat später unter- schieden, dass in der Härte eines dem Einfluss eines starken Magnets unterworfenen Stücks Glas eine Veränderung ein- tritt.

Die nämlichen Gründe, welche ich an dem Auge des Lesers bei Gelegenheit der anderen Erregungen der Materie vorübergeführt habe, um zu beweisen, dass sie Arten mole- külärer Bewegung sind, sind also ebenfalls auf den Magne- tismus anwendbar.

Chemische Verwandtschaft.

Die chemische Verwandtschaft, oder die Kraft, durch welche unähnliche Körper sich zu vereinigen und zusammengesetzte Körper zu bilden streben, im Allgemeinen von anderen Charakteren als diejenigen ihrer Theile, ist von allen Arten der Kraft diejenige, von welcher sich bis jetzt der menschliche Geist die am Wenigsten klare Idee gebildet hat. Das Wort „Verwandtschaft" selbst ist schlecht gewählt, da sein Sinn in diesem Fall keine Aehnlichkeit mit seiner gewöhnlichen Bedeutung hat; ferner wird ihre Wirkungsweise durch herkömmliche Ausdrücke bezeichnet, da noch keine beachtungswürdige dynamische Theorie zur Erklärung ihrer Erscheinungen angenommen ist. Ihre Thätigkeit verändert und alterirt in dem Grade die Charaktere der Materie, dass die von ihr eingeleiteten Veränderungen, vielleicht gegen alle Regeln der Logik, gewissermassen eine Klasse gebildet haben, die mit allen anderen Veränderungen der Materie im Widerspruch ist; wir bedienen uns so der Wörter physikalisch und chemisch als bedeuteten sie entgegengesetzte Dinge.

Der hauptsächlichste Unterschied zwischen der chemischen Verwandtschaft und der physikalischen Anziehung, der Cohäsion, ist der Unterschied des Charakters zwischen dem zusammengesetzten Stoff und seinen Theilen. Inzwischen ist dies nur eine unbestimmte Begrenzungslinie; in verschiedenen

Fällen, welche Jeder unter die chemischen Thätigkeiten zählen würde, ist die Veränderung des Charakters nur leicht; in anderen, wie die Wirkungen der Neutralisation sind, könnte die Verschiedenheit des Charakters ebenso gut aus der physikalischen Anziehung der ungleichen Substanzen entstehen, indem die ursprünglichen Charaktere der bildenden Körper selbst von dieser einfachen physikalischen Verwandtschaft oder Anziehung abhängen. So ist eine Säure ätzend, weil sie trachtet, sich mit einem anderen Körper zu verbinden; hat sie sich verbunden, so kann sie, weil ihr ätzender Charakter, d. h. ihre Tendenz zur Vereinigung, befriedigt oder gesättigt ist, nicht mehr angezogen werden, und sie verliert notwendig ihren ätzenden Charakter. Aber es gibt andere Fälle, wo kein ähnliches Resultat von vorn herein vorhergesehen werden kann, wie in dem Falle, wenn die Anziehung oder die Tendenz zur Vereinigung bei dem zusammengesetzten Körper grösser ist als bei einem seiner Theile; wer könnte z. B. durch physikalische Schlüsse vorausbestimmen, dass eine ähnliche Substanz als die Salpetersäure aus dem Stickstoff und dem Sauerstoff entspringen werde.

Was uns wahrscheinlich am Mehrsten der Idee annähern wird, welche wir uns von einer chemischen Thätigkeit zu bilden haben, das ist (was vielleicht unbestimmt sein mag) sie anzusehen als eine moleküläre Anziehung oder Bewegung. Die chemische Anziehung verursacht die Bewegung bestimmter Massen durch die Kraft, welche aus ihrer molekülären Thätigkeit entspringt; so können die Wirkungen des Wurfs beim Schiesspulver zitirt werden als ein bekanntes Beispiel der Bewegung, welche durch die chemische Anziehung hervorgebracht wird. Man kann sich fragen, ob in diesem Fall die Kraft, welche die Bewegung der Masse verursacht, eine Umwandlung in chemische Verwandtschaftskraft ist, oder ob sie nicht vielmehr das Resultat einer Befreiung anderer Kräfte ist, die vorher in einem Zustande statischen Gleichgewichts waren; aber unter allen Umständen kann die chemische Verwandtschaft, durch das Zwischenglied der Elektrizität, direkt und quantitativ in die anderen Kräfte verwandelt werden. Auch können wir durch die chemische Verwandtschaft direkt die Elektrizität erzeugen; diese letztere Kraft ist von Davy als eine auf Massen wirkende chemische Verwandtschaft definirt worden; sie scheint vielmehr eine chemische Verwandtschaft zu sein, die sich in bestimmter Richtung durch eine Reihe oder Kette von Theilchen hindurch geltend macht; gleichwol kann das strenge Verhältniss zwischen der chemischen Anziehung und der Elektrizität durch keine Definition ausgedrückt werden; denn die letztere, ob sie gleich eine innige Beziehung zu der ersteren hat, existirt thatsächlich da, wo die erstere nicht existirt, wie in einem Metalldraht, der, ob er gleich elektrisirt ist, oder die Elektrizität leitet, chemisch nicht alterirt wird, oder zum Mindesten so angesehen wird, als ob er chemisch nicht verändert werde.

Volta, ein Nachbild des Prometheus, hat uns zuerst in den Stand gesetzt, ein bestimmtes Verhältniss zwischen der chemischen Kraft und der Elektrizität aufzustellen. Wenn zwei ungleiche Metalle, die sich berühren, in eine Flüssigkeit getaucht werden, die, zu einer bestimmten Klasse gehörig, im Stande ist, chemisch auf das eine von ihnen zu wirken, so entsteht das, was man einen voltaschen Strom nennt; und die chemische Thätigkeit erzeugt eine eigenthümliche Art Kraft, die man elektrischen Strom nennt, die von Metall zu Metall durch die Flüssigkeit hindurch, und durch die Berührungspunkte zirkulirt.

Nehmen wir als Beispiel einer Umwandlung der chemischen Kraft in Elektrizität die folgende Thatsache, welche ich vor einigen Jahren kennen gelehrt habe. Wenn Gold in Salzsäure getaucht wird, so entsteht keine chemische Thätigkeit; wenn Gold in Salpetersäure getaucht wird, so entsteht ebensowenig chemische Thätigkeit; aber man mische die beiden Säuren, und das Gold wird chemisch angegriffen oder aufgelöst werden; dies ist eine ganz gewöhnliche chemische Thätigkeit, entspringend aus einer doppelten chemischen Verwandtschaft. In der Salzsäure, welche aus Chlor und Wasserstoff zusammengesetzt ist, weil die Verwandtschaft des Chlors mit dem Gold geringer ist als die Verwandtschaft des Chlors mit dem Wasserstoff, findet hier keine Veränderung statt; aber wenn man Salpetersäure hinzufügt, welche eine grosse Menge Sauerstoff in einem Zustande schwacher Verbindung enthält, so tritt die Verwandtschaft des Sauerstoffs mit dem

Wasserstoff derjenigen des Wasserstoffs zum Chlor entgegen, und dann ist die Verwandtschaft des Chlors zum Golde in den Stand gesetzt zu wirken, das Gold verbindet sich mit dem Chlor, und das Goldchlorür bleibt aufgelöst in der Flüssigkeit.

Dies vorausgesetzt, wollen wir diese chemische Kraft in der Form der Elektrizität zeigen. Zu diesem Ende bringe man die Flüssigkeiten, statt sie zu mischen, in getrennte Gefässe oder Zellen, aber in solcher Weise, dass sie in Berührung treten können, was man erreicht, indem man zwischen sie eine poröse Materie stellt, wie erweichten Porzellan, Steinflachs etc.; dann stelle man in jede dieser Flüssigkeiten eine Platte oder einen Draht aus Gold: so lange als die beiden Platten oder Drähte getrennt bleiben, entsteht keine chemische oder elektrische Thätigkeit; aber in dem Augenblicke, wo man sie in Berührung bringt, theils unmittelbar, theils indem man sie durch einen leitenden Metalldraht verbindet, findet die chemische Thätigkeit statt: das Gold in der Salzsäure wird aufgelöst; gleichzeitig entfaltet sich die elektrische Thätigkeit, die Salpetersäure wird durch den übertragenen Wasserstoff desoxydirt, und wenn man einen Galvanometer oder jedes andere Instrument dazwischen stellt, das dazu konstruirt ist, ähnliche Wirkungen zu entdecken, so kann in den Metallen oder in dem Metalldraht ein elektrischer Strom nachgewiesen werden.

Es gibt wenige chemische Thätigkeiten, wenn es überhaupt deren gibt, von welchen man nicht durch das Experiment nachweisen könnte, dass sie Elektrizität erzeugen: die Oxydation der Metalle, das Brennen der Brennstoffe, die Vereinigung des Sauerstoffs mit dem Wasserstoff etc., können Quellen der Elektrizität werden. Die gewöhnliche Art, wie die Elektrizität der voltaschen Säule erzeugt wird, ist die chemische Einwirkung des Wassers auf das Zink; diese Einwirkung wird gesteigert durch Hinzufügung von gewissen Säuren zu dem Wasser, die es geeignet machen, energischer auf das Zink zu wirken, oder die in gewissen Fällen selbst darauf einwirken; und eine der mächtigsten chemischen Thätigkeiten die bekannt sind, diejenige der Salpetersäure auf die oxydirbaren Metalle, ist diejenige, welche die mächtigste voltasche Säule erzeugt; ich habe im Jahre 1839 diese Anordnung kennen gelehrt; kurzum, ich kann mit voller Sicherheit sagen, dass wenn die chemische Thätigkeit nützlich gemacht wird und nicht verloren geht, wenn sie ganz in elektrische Kraft verwandelt wird, so ist, je mächtiger die chemische Thätigkeit ist, desto mächtiger auch die elektrische, daraus entspringende Thätigkeit. Wenn wir statt Manufakturprodukte oder künstliche Erzeugnisse anzuwenden, wie das Zink oder die Säuren, in Form der Elektrizität die Menge von chemischer Kraft anwenden könnten, welche bei der Verbrennung wenig theurer und reichlicher Rohstoffe, wie die Kohle, das Holz, das Fett etc., mit Wasser oder Luft in Thätigkeit ist, so könnten wir ein's der grössten praktischen Bedürfnisse verwirklichen, und wir hätten eine mechanische Kraft zu unserer Verfügung, die bei ihrer Anwendung vorzüglicher sein würde als die Dampfmaschine.

Ich habe kürzlich gezeigt, dass die Flamme des gewöhnlichen Lötrohrs einen sehr wahrnehmbaren elektrischen Strom erzeugt, nicht bloss fähig auf das Galvanometer zu wirken, sondern auch die chemische Zersetzung zu verursachen; man bringt zwei Platten oder Drähte aus Platin, die eine in den Theil der Flamme, welcher dem Anfange des Gebläses sehr nahe ist, an den Punkt, wo die Verbrennung anfängt, die andere in die volle gelbe Flamme, wo die Verbrennung am Stärksten ist; diese letztere muss kalt erhalten werden, damit der thermoelektrische Strom, welcher durch die Temperaturdifferenz zwischen den zwei Platinplatten entsteht, mit dem Strom der Flamme konkurriren kann; an die Platinplatten befestigte Drähte bilden die Endpunkte oder die Pole. Durch eine Reihe von Gebläsen könnte man eine Säule aus Flammen erzielen, die stärkere Wirkungen hervorbringen würde; aber in gedachtem Versuche, mag er theoretisch auch interessant sein, erhält man, in Form der Elektrizität, einen so kleinen Bruchtheil der bei der Verbrennung thätigen Kraft, dass man nicht hoffen kann, unmittelbar ein praktisches Resultat zu erzielen.

Die Kraft des elektrischen Stromes, gemessen durch die Menge des Stoffs, auf den sie bei ihren verschiedenen Wirkungen thätig ist, steht in gradem Verhältniss zu der Menge der chemischen Thätigkeit, wodurch sie erzeugt wird, und ihre Stärke oder ihr Vermögen einen Widerstand zu überwinden, ist ebenfalls proportional mit der Stärke der chemischen Verwandtschaft, wenn man sich nur eines einfachen voltaschen Plattenpaares bedient, oder einer Anzahl von Paaren, wenn man sich der wohlbekannten sogenannten voltaschen Säule bedient.

Die Weise wie der voltasche Strom durch Hinzufügung von Plattenpaaren zunimmt, ist selbst ein schlagendes Beispiel der Wechselwirkungen und der dynamischen Analogieen der verschiedenen Kräfte. Tauchen wir theilweise eine Zinkplatte oder eine andere Platte aus einem mit starker Verwandtschaft für den Sauerstoff ausgestatteten Metall, und eine andere Platte aus Platin oder einem anderen Metall mit geringer Verwandtschaft oder ohne Verwandtschaft für den Sauerstoff in ein Gefäss A, das verdünnte Salpetersäure enthält, aber so dass die Platten mit einander in keiner Berührung sind, tauchen wir in ein anderes Gefäss, das ebenfalls verdünnte Salpetersäure enthält, die Enden von zwei Platindrähten, die mit jeder der zwei Platten in Berührung sind; während derselben Zeit, dass die Säure in dem Gefäss A durch die chemische Verwandtschaft des Zinks mit dem Sauerstoff der Säure zersetzt wird, wird die Säure in dem Gefäss B ebenfalls zersetzt, indem der Sauerstoff am Ende des mit dem Platin in Berührung stehenden Drahtes erscheint; diese chemische Kraft wird durch den Metalldraht geleitet oder übertragen, und abgesehen von gewissen örtlichen Verlusten, wird für jede Einheit Sauerstoff, die sich in dem einen Gefäss mit dem Zink verbindet, eine Einheit Sauerstoff frei um den Platindraht des anderen Gefässes herum. Der Platindraht ist so in eine entsprechende Lage mit dem Draht des Zinks gebracht; er ist ausgestattet mit der Kraft, auf seiner Oberfläche den Sauerstoff der Flüssigkeit an sich zu ziehen, ungeachtet er sich nicht, wie dies mit dem Zink der Fall ist, unter diesen gleichen Umständen mit ihm verbinden kann. Wenn wir jetzt an die Stelle des Platindrahtes, welcher mit der Platinplatte in Verbindung ist, einen Zinkdraht setzen, so haben wir, ausser der Tendenz des dem Platin mitgetheilten Sauerstoffs sich zu entwickeln, die chemische Verwandtschaft des Sauerstoffs im Gefässe B für den Zinkdraht. So haben wir, ausser der Kraft, welche ursprünglich durch das Zink in der Verbindung des Gefässes A erzeugt war, eine zweite Kraft, erzeugt durch das Zink in dem Gefässe B, die mit der ersteren zusammenwirkt. Zwei so verbundene Plattenpaare aus Zink und Platin verursachen folglich einen stärkeren Effekt als der von einem Paare verursachte; und wenn wir fortfahren, diese Reihenfolge von Zink, Platin und Flüssigkeit zu vermehren, so werden wir eine unbegrenzte Aufregung der chemischen Kraft erzielen, gerade so wie wir in der Mechanik beschleunigte Bewegungen erhalten, wenn wir der schon erzeugten Bewegung neue Impulse geben.

Die nämlichen Verhältnissregeln, welche die chemischen Verbindungen beherrschen, sind auch entscheidend für die elektrischen Wirkungen, wenn diese durch die chemischen Thätigkeiten hervorgebracht werden. Dalton und andere haben gezeigt, dass die konstituirenden Elemente einer grossen Zahl zusammengesetzter Substanzen immer, das eine in Beziehung zu der anderen, in einem bestimmten Grössenverhältniss stehen; so kann das Wasser, welches aus einer Gewichtseinheit Wasserstoff verbunden mit acht Gewichtseinheiten Sauerstoff besteht, aus den nämlichen Elementen in anderen Verhältnissen der Mischung nicht gebildet werden; man kann in dem normalen Verhältniss zwischen den beiden Elementen weder etwas hinzufügen, noch etwas fortnehmen, ohne die Natur des zusammengesetzten Stoffs durchaus zu verändern; wird ferner irgend eins der chemischen Elemente als Einheit genommen, so werden die Gewichtsverhältnisse der Verbindungen mit allen anderen Elementen immer unveränderliche Grössen sein, Verbindungen dieses einen Elements mit allen anderen: so, wenn man den Wasserstoff als Einheit nimmt, wird der Sauerstoff 8, das Chlor 36 sein; dies will sagen, dass der Sauerstoff mit dem Wasserstoff sich, dem Gewichte nach, im Verhältniss von 8 zu 1 verbinden wird, während das Chlor sich mit dem Wasserstoff, dem Gewichte nach, im Verhältniss von 36 zu 1, und mit dem Sauerstoff, von 36 zu 8 verbinden wird. Die Zahlen, welche die Gewichte ausdrücken, nach welchen die Elemente sich verbinden, relative, keine absolute Zahlen, können, nachdem

man in der Wahl der Einheit überein gekommen ist, für alle
chemischen Substanzen bestimmt werden; und nachdem sie
so einmal festgestellt sind, wird man sehen, dass die Körper
im Allgemeinen, zum Mindesten für die unorganischen Verbindungen, sich in diesen Verhältnissen verbinden, oder in
Verhältnissen, die durch ein Vielfaches dieser Zahlen ausgedrückt werden: diese Verhältnisszahlen sind Aequivalente
genannt worden.

Dies voraufgeschickt, hat eine voltasche Säule, welche
für gewöhnlich aus einer Reihenfolge von zwei Metallen und
aus einer Flüssigkeit besteht, die im Stande ist, chemisch
auf eines von denselben zu wirken, das Vermögen, eine chemische Thätigkeit im Innern einer Flüssigkeit zu erzeugen,
die mit der Säule durch Metalle in Verbindung steht, auf
die sie sonst nicht wirken kann: in diesem Fall werden, entfernt
von einander, die konstituirenden Elemente der Flüssigkeit
auf der Oberfläche der eingetauchten Metalle in Freiheit treten. Wenn z. B. die beiden Endspitzen aus Platin an einer
voltaschen Säule in Wasser tauchen, so wird der Sauerstoff
sich auf der einen, der Wasserstoff auf der anderen dieser
Spitzen entwickeln, genau in dem Verhältniss, nach welchem
sie sich verbinden, um Wasser zu bilden, während die aller-
genauste Prüfung keine wahrnehmbare Thätigkeit in den
Schichten der eingeschobenen Flüssigkeiten entdecken wird.
Man wusste vor Herrn Faraday, dass während diese chemische Thätigkeit im Innern der mit der Säule in Verbindung stehenden Flüssigkeit vor sich geht, eine andere chemische Thätigkeit in den Zellen der Säule stattfinde; aber
man wusste kaum, wenn es nicht sogar ganz unbekannt war,
dass die Menge der chemischen Thätigkeit im Innern der
Flüssigkeit in einem festen Verhältniss sei mit der Menge
der chemischen Thätigkeit in der Säule; Herr Faraday hat
bewiesen, dass diese zwei Mengen unter einander im direkten
Verhältniss der chemischen Aequivalente stehen; dies will
sagen, wenn wir voraussetzen, dass die Säule aus Zink, Platin und Wasser besteht, dass die Menge Sauerstoff, welche
sich mit dem Zink in jeder Zelle der Säule verbindet, genau
gleich ist mit der Menge Sauerstoff, welche an einem der
Platindrähte entwickelt wird, während die Menge des auf jeder

Platinplatte entwickelten Wasserstoffs demjenigen Wasserstoffe gleich kommt, welcher auf dem zweiten Drahte entwickelt wird.

Nehmen wir an, dass die Säule statt mit Wasser, mit Chlorwasserstoffsäure (Salzsäure) gefüllt ist, während die Endspitzen der Drähte immer durch Wasser getrennt bleiben, dann werden für jede 36 Gewichtstheile Chlor, die sich mit jeder Zinkplatte verbinden, 8 Theile Sauerstoff auf der Platinspitze entwickelt werden; dies will sagen, dass die Gewichtstheile Chlor, die sich verbinden und des Sauerstoffs, welcher frei wird, genau in dem nämlichen Verhältniss stehen, in welchem sie sich, wie Dalton bewiesen hat, chemisch verbinden. Dies Gesetz erstreckt sich auf alle Flüssigkeiten, die sich durch die voltasche Kraft zersetzen lassen, und die man aus diesem Grunde elektrolytische nennt: und weil keine voltasche Wirkung durch Flüssigkeiten erzeugt wird, die sich auf diese Art nicht zersetzen lassen, so geht daraus hervor, dass die voltasche Thätigkeit eine chemische ist, die in Zwischenräumen wirkt, oder durch eine Reihe oder Kette von Mitteln fortgeführt wird, und dass die Zahlen, welche die chemischen Aequivalente ausdrücken, auch die Menge der voltaschen Thätigkeit ausdrücken, welche durch die korrespondirenden chemischen Substanzen erzeugt wird.

Weil die Wärme, das Licht, der Magnetismus, oder die Bewegung durch eine zweckmässige Anwendung der Elektrizität erzeugt werden können, und weil die Elektrizität selbst durch die chemische Thätigkeit auf eine bestimmte Weise erzeugt wird, so geht daraus hervor, dass die anderen Kräfte selbst auf bestimmte Weise, wenn auch nicht unmittelbar, durch die chemische Thätigkeit erzeugt werden; möge es uns gleichwol erlaubt sein, wie wir es schon gethan haben als es sich um die anderen Kräfte handelte, zu untersuchen, bis zu welchem Punkte diese anderen Kräfte unmittelbar durch die chemische Verwandtschaft erzeugt werden.

Die Wärme ist die unmittelbare Wirkung der chemischen Verwandtschaft; ich kenne keine Ausnahme von dieser allgemeinen Annahme, dass alle Körper, indem sie sich chemisch verbinden, Wärme erzeugen; dies will sagen, wenn man die Auflösungen nicht als chemische Thätigkeiten ansieht und selbst in dem Fall, wenn durch die Verbindung Kälte

erzeugt wird, dass diese Kälte die Wirkung eines Wechsels in
der Consistenz oder in der Cohäsion ist, wie beim Uebergange aus dem festen in den flüssigen Zustand, nicht aber
die Wirkung der chemischen Thätigkeit.

Wir finden, dass die nämliche Weise, die Ausgabe von
Kraft zu beurtheilen, welche wir auseinander gesetzt haben
als wir von der latenten Wärme handelten, auch auf die Ausgabe von chemischer Kraft anwendbar ist, insofern es auf die
Wärmemenge ankommt oder auf die Repulsivkraft, welche dadurch erzeugt wird, da nämlich die chemische Thätigkeit hier
durch die mechanische Ausdehnung, d. h. durch die Wärme
erschöpft wird. So auch, da die chemische Thätigkeit der
gewöhnlichen Verbrennung die Wirkung einer Verbindung des
Kohlenstoffs mit dem Sauerstoff ist, ist die Ausgabe von
Brennstoff proportional der Ausdehnung der erhitzten Substanzen: das Wasser, wenn es frei in den Zustand des Dampfes
übergeht, verbraucht mehr Brennstoff, als wenn es eingesperrt
und auf einer höhern Temperatur erhalten wird, als sein
Siedepunkt.

Wie wirkt die chemische Thätigkeit indem sie Wärme
erzeugt, oder welches ist die Thätigkeit der Moleküle in der
Materie wenn sie sich chemisch verbinden? Dies ist eine
Frage, zu deren Beantwortung man mehrere Theorieen aufgestellt hat, die aber wahrscheinlich niemals anders als annäherungsweise beantwortet werden wird.

Einige Autoren erklären sie durch die Verdichtung, welche
stattfindet; aber das würde keine Rechenschaft geben von
den zahlreichen Fällen wo in Folge des Freiwerdens der
Gase, die chemische Verbrennung ein grosses Anwachsen
des Volumens verursacht, wie bei dem sehr bekannten Beispiel des Schiesspulvers; Andere wollen dass die Wärme
herrührt von der Vereinigung der positiven und der negativen elektrischen Atmosphäre, welche man als Umgebung
der Atome der Körper annimmt; aber dies heisst Hypothese
auf Hypothese bauen. Der Doktor Wood hat kürzlich eine
Meinung bezüglich der Wärme bei den chemischen Thätigkeiten ausgesprochen, die sich besser mit einer dynamischen Theorie verträgt und die, als solche, die Erwähnung
verdient.

Ausgehend von der Voraussetzung, welche ich ausgesprochen habe, dass je mehr die Theilchen der Körper einander genähert sind, sie desto weniger brauchen verschoben zu werden um eine bestimmte Bewegung in den Theilchen eines anderen Körpers zu bewirken, kann seine Beweisführung, wenn ich ihn recht verstanden habe, etwa diese Form annehmen.

Bei der mechanischen Annäherung der Theilchen eines gleichförmigen Körpers, wird Wärme erzeugt; die Theilchen a a des Körpers A werden durch ihre Annäherung den Körper B ausdehnen, welcher in ihrer Nähe ist, und dies in einem um so grösseren Verhältniss je näher sie selbst ursprünglich einander waren. Wenn A und B sich chemisch verbinden, so treten die Theilchen a a des Körpers A den Theilchen b b des Körpers B sehr nahe; daraus muss folglich auch Wärme entstehen, und eine grössere Wärme, weil man annehmen muss: dass die Annäherung der Theilchen bei ihrer chemischen Verbindung viel grösser ist als bei der mechanischen Zusammenpressung. In dem Falle also, wo die chemische Verbindung keine absolute Verminderung des Volumens nach sich zieht, wenn die grössere Nähe der sich verbindenden Theilchen derartig ist, dass die entsprechende Ausdehnung (wenn man eine chemische Verbindung nicht annimmt) grösser ist als der Raum, welchen die neue Verbindung einnimmt, dann wird auswendig ein Ueberschuss von Expansivkraft übrig bleiben; es wird also in den Körpern der Umgebung Wärmeerzeugung oder Ausdehnung stattfinden. Mit anderen Worten, wenn die Theilchen a a durch physikalische Anziehung ebenso sehr einander genähert werden könnten, als sie durch die chemische Thätigkeit der Theilchen b b genähert werden, so würden sie durch ihre grössere Annäherung eine ausschlägige (ultra) Expansivkraft, oder einen Ueberschuss hervorbringen, verglichen mit dem von der Verbindung aus A und B eingenommenen Raum. Aber es bietet sich unmittelbar eine Frage dar: Wie kann der Raum des zusammengesetzten Körpers beschränkt bleiben und nicht den ganzen Raum einnehmen, welcher der Expansivkraft entspricht die aus der Zusammenziehung oder Annäherung der Moleküle hervorgeht? Weil der Abstand der Theilchen das Resultat

eines Kampfes zwischen der Ausdehnung und Zusammenziehung ist, so muss dies Resultat sich selbst ausdrücken
durch den von der wirklich entstandenen Verbindung be-
messenen Raum, was aber gewiss nicht stattfindet.

Ungeachtet ich verschiedene Schwierigkeiten bei der
Theorie des Doktor Wood finde, vielleicht weil ich sie nicht
genau verstanden habe, haben seine Ansichten dennoch ein
Interesse für mich, weil seine Art die Naturerscheinungen
aufzufassen sehr ähnlich derjenigen ist für welche ich hier
und seit mehreren Jahren spreche, dies will sagen, dass er
gleich mir sich bemüht, die physikalischen Wissenschaften,
so viel thunlich, von den hypothetischen Fluiden zu befreien,
von den Aethern, von den latenten Wesenheiten, von den
verborgenen Eigenschaften. Die Idee, welche ich mir von
der durch die chemische Thätigkeit erzeugten Wärme mache,
wenn ich wagen darf über einen so strittigen Gegenstand
eine Meinung zu äussern, ist diese, dass sie der Wärme entspricht, welche durch Reibung entsteht; dass die Theilchen
der Materie, wenn sie in innige Berührung gebracht und
durch eine reissend schnelle Bewegung gewissermassen beseelt
werden, in Form der Wärme die Bewegung fortpflanzen,
welche bei der Reibung unterbrochen wird, also die innerste
Bewegung der Theilchen. Die Wärme entstände also so,
dass das zusammengesetzte Erzeugniss einen grössern oder
kleinern Raum einnimmt, als die Summe der von den Com-
ponenten (oder Bildungstheilen) eingenommenen Räume; ungeachtet natürlich, wenn das Verbundene von grösserem
Raumumfang ist, den Nachbarkörpern weniger Wärme mitgetheilt wird, indem die Ausdehnung sich in einer der zwei
Substanzen selbst vollzieht. Ich sage: in einer derselben;
denn es ist bewiesen in Werken, die hohe Geltung haben,
dass es kein Beispiel zweier oder mehrerer fester oder flüssiger Körper, oder eines festen und eines flüssigen Körpers
gibt die sich verbinden und bei der gewöhnlichen Temperatur
und dem gewöhnlichen Luftdruck eine vollkommen gasförmige
Verbindung bilden. Die Schiessbaumwolle genannte, von
Herrn Schönbein entdeckte Substanz, erfüllt jedoch an-
nähernd diese Voraussetzung.

Herr Doktor Andrews ist zu diesem Schlusse gekommen,

entlehnt aus sehr sorgfältig ausgeführten Versuchen, dass
bei den chemischen Verbindungen, oder bei Säuren und Al-
kalien, oder ähnlichen Substanzen, die Menge der erzeugten
Wärme bestimmt wird von dem basischen Element; und seine
Versuche haben die allgemeine Zustimmung erhalten, ungeachtet Herr Hess zu anderen Resultaten gelangt ist und nach
seinen Versuchen das saure Element oder Constituens das
Mass der entwickelten Wärme abgibt. Das Licht wird
direkt durch die chemische Thätigkeit erzeugt, wie bei dem
Blitz des Schiesspulvers, der Verbrennung des Phosphors
im Sauerstoffgas, und allen schleunigen Verbrennungen.
Kurzum, überall wo eine intensive Wärme entwickelt wird,
ist sie von Licht begleitet. Bei verschiedenen Fällen von
langsamer Verbrennung, wie bei allen Erscheinungen der
Phosphorescenz, ist dem Anscheine nach das Licht viel intensiver als die Wärme, indem das erstere augenfällig ist,
während man die andere nur so schwer entdecken kann, dass
man sich eine lange Zeit hindurch fragte, ob da einige Wärmeentwicklung stattfindet, und ich weiss nicht gewiss, ob selbst
gegenwärtig bei gewissen Erscheinungen der Phosphorescenz,
wie diejenigen des faulenden Holzes, der verwesenden Fische,
etc. irgend eine Wärmeerscheinung nachgewiesen ist.

Die chemische Thätigkeit erzeugt den Magnetismus
überall, wo sie so geleitet wird, dass sie sich in einer bestimmten Richtung entwickelt, wie bei den Phänomenen der Elektrolyse. Ich kann die voltasche Säule mit Gas zitiren, als sehr
einfaches Beispiel einer Entstehung des Magnetismus durch
chemische Verbindung. Der Sauerstoff und der Wasserstoff
verbinden sich bei dieser Anordnung; aber anstatt sich durch
eine innige moleküläre Mischung zu verbinden, wie in den
gewöhnlichen Fällen, wirken sie auf das Wasser, also auf
Sauerstoff und Wasserstoff in Verbindung, das zwischen sie
gestellt ist, dergestalt, dass eine Reihe chemischer Thätigkeit
erzeugt wird; und eine Magnetnadel, an diese Reihe angren-
zend, wird abgelenkt und stellt sich in einen rechten Winkel
mit ihr. Was hier eine Reihe oder Kette von Molekülen thut,
das würden alle in Verbindung tretenden Moleküle thun
auch in den gewöhnlichen chemischen Verbindungen; da
jedoch, in diesem Fall, die Richtungen der Linien, in welchen

die Verbindung stattfindet, unregelmässig und verwirrt ist, so
gibt es dann keine allgemeine Resultante, die auf den Magnet
wirken könnte.

Welches ist die wahre Natur der Uebertragung chemischer Kraft durch ein Elektrolyt hindurch? Wir wissen es
noch nicht, und wir können uns davon keine klarere Idee bilden, als diejenige, welche durch die Theorie von Grotthus
gegeben wird. Wir kennen durchaus nicht die wahre Natur
irgend einer chemischen Thätigkeit, und für den Augenblick
müssen wir uns darauf beschränken, sie als die Wirkung einer
dunklen Kraft anzusehn, deren Verständniss uns durch künf-
tige Forschungen wird erleichtert werden.

Die Lehre von den Verbindungen in bestimmten Verhältnissen, die auf eine so herrliche Weise dazu dient, die Chemie mit der voltaschen Elektrizität zu verknüpfen, führt auch
zu der atomistischen Theorie, welche, ungeachtet sie von der
Mehrzahl aller Chemiker in ihrer Allgemeinheit angenommen
wird, grosse Schwierigkeiten darbietet, wenn man daran geht,
sie auf alle chemische Verbindungen auszudehnen.

Die äquivalenten Verhältnisse, nach welchen eine grosse
Zahl von Substanzen sich chemisch verbindet, finden sich in
so vielen Fällen bestätigt, dass die atomistische Theorie von
Mehreren als allgemein anwendbar und ein allgemeines Natur-
gesetz darstellend, angesehen wird; jedoch, wenn man ihr bis
zu den Verbindungen der Substanzen folgt, deren wechselseitige
chemische Anziehungen sehr gering sind, so verschwindet das
Aequivalenzverhältniss, und man trachtet es zu ersetzen,
indem man auf die verschiedenen konstituirenden Elemente
einen willkürlichen und abweichenden Koeffizienten anwendet.

So also folgerte man, als man gefunden hatte, dass eine
grosse Zahl von Substanzen sich nach bestimmten Massen und
Gewichten, und nur nach ihnen, verbinden, dass ihre letzten
Moleküle oder Atome bestimmte Durchmesser hätten oder
untheilbar wären; denn andernfalls sähe man nicht ein, warum
das Aequivalentverhältniss sich überall aufrecht erhält, warum,
z. B. kann das Wasser sich nur durch zwei Volume oder eine
Gewichtseinheit Wasserstoff bilden und ein Volum oder eine
Gewichtseinheit Sauerstoff; warum, wofern es nicht gewisse letzte Grenzen für die Theilbarkeit dieser Moleküle

gibt, könnte sich nicht Wasser, oder eine durch seine Charaktere dem Wasser ähnliche flüssige Substanz bilden aus einer Hälfte, einem Drittel, einem Zehntel des Wasserstoffantheils mit acht Theilen Sauerstoff?

Es ist ganz verträglich mit der atomistischen Theorie, dass sich eine Substanz bilden kann aus einem Theile, verbunden mit acht Theilen, oder mit sechzehn Theilen, oder mit vierundzwanzig Theilen; denn in einer so gebildeten Substanz würde keine Untertheilung des (untheilbar angenommenen) Moleküls statthaben, und dies findet bei vielen Zusammensetzungen statt. So verbinden sich vierzehn Gewichtstheile, oder vierzehn Gramm Stickstoff beziehentlich mit acht, sechszehn, vierundzwanzig, zweiunddreissig und vierzig Gewichtstheilen oder Grammen Sauerstoff.

Ebenso auch verbinden sich siebenundzwanzig Gramm Eisen mit acht Gramm Sauerstoff oder mit vierundzwanzig Gramm, d. h. mit drei Verhältnisstheilen Sauerstoff. Man kennt keine Verbindung, in welcher siebenundzwanzig Gramm Eisen sich mit zwei Verhältnisstheilen oder mit sechszehn Gramm verbinden; aber diese Thatsache kann der Theorie nicht viel schaden, weil diese Verbindung zulezt entdeckt werden kann, und weil es noch unbekannte Ursachen geben kann, die seiner Bildung entgegenstehn.

Aber hier ist der Anfang der Schwierigkeit: siebenundzwanzig Gewichtstheile Eisen verbinden sich mit zwölf Gewichtstheilen Sauerstoff, und siebenundzwanzig Gewichtstheile Eisen verbinden sich auch mit zehn und zwei Drittel Theilen Sauerstoff; oder, wenn wir die Einheit Sauerstoff beibehalten, müssen wir die Eiseneinheit unterabtheilen; oder man muss die beiden Einheiten durch einen verschiedenen Theiler unterabtheilen. Was wird dann aus dem Begriff der Atome, oder der physikalisch untheilbaren Theilchen?

Wenn das Eisen die einzige dieser Schwierigkeit unterworfene Substanz wäre, so könnte man sie als eine unerklärte Ausnahme betrachten, oder wie eine Mischung von zwei Oxyden, oder auch man könnte seine Zuflucht zu einer noch weiter getriebenen Unterabtheilung treiben, um Einheiten oder Aequivalente der anderen Körper zu bilden. Aber sehr viele andere Substanzen befinden sich in der nämlichen Kategorie, und bei den organischen Verbindungen, um die atomistische Nomenklatur zu erhalten, muss man auf die Mehrzahl der elementaren Konstituanten einen bestimmten Multiplikator oder Divisor anwenden, das heisst, man muss theilen, was nach der Hypothese untheilbar ist.

So, um eine zusammengesetztere Substanz zu wählen, als diejenige, welche durch die Vereinigung des Eisens und des Sauerstoffs gebildet wird, betrachten wir einmal die Substanz des Eiweisses, zusammengesetzt aus Kohlenstoff, Wasserstoff, Sauerstoff, Stickstoff, Phosphor, Schwefel. In diesem Falle müssen wir entweder die Atome des Phosphors oder des Schwefels theilen, dergestalt, dass sie zu kleinen Fragmenten reducirt werden, oder die Atome der anderen Substanzen mit ungeheuren Zahlen multipliziren. So sagen denn, um die Einheit der Konstituanten der einen dieser Substanzen aufrecht zu erhalten, gewisse Chemiker, dass sie zusammengesetzt ist aus 400 Atomen Kohlenstoff, 310 Wasserstoff, 120 Sauerstoff, 50 Stickstoff, 2 Schwefel, 1 Phosphor. Dies ist ein etwas weit gehender Fall; aber man findet, dass ähnliche Schwierigkeiten, wenngleich in verschiedenem Grade, bei den organischen Zusammensetzungen vorwiegen; bei vielen von ihnen kann kein konstituirendes Element als eine Einheit genommen werden, in Beziehung auf welche einfache Vielfache eines jeden der anderen Elemente die proportionalen Mengen ausdrücken würden, nach welchen sie in die Verbindung eingehen. Durch die gebräuchliche Art der Bezeichnung kann irgend eine beliebig angenommene Substanz, welches auch die Verhältnisse ihrer Bildungstheile (Konstituanten) sein mögen, atomistisch genannt werden. Die Auflösung von einem Pfund Zucker in einem Kilogramm Wasser, in einem und einem halben Kilogramm, in einem und einem Viertel Kilogramm, in einem und einem Zehntel Kilogramm, kann durch eine atomistische Formel ausgedrückt werden, wenn man zweckmässig den Multiplikator oder den Divisor wählt.

Es ist wahr, bei dem Falle einer Auflösung können verschiedene Verhältnisse, bis zum Sättigungsgrade, sich verbinden, ohne irgend einen Unterschied im Charakter des Zusammengesetzten; man könnte das Nämliche, bis zu einem gewissen Punkt, von einer Säure und von einem Alkali sagen.

Aber selbst dann, wenn die Verbindungen in Sprüngen oder plötzlichen Absätzen erfolgen, dass die Zusammensetzung nicht anders als bei bestimmten Verhältnissen bestehen kann, lassen sie sich in einer Menge von Fällen mit der wahren Idee einer atomistischen Verbindung, d. h. eines Atoms mit einem Atom, eines Atoms mit zwei Atomen etc., nicht vereinigen.

Ungeachtet somit die Natur uns mit Thatsachen entgegentritt, die ein gewisses eingeschränktes Gesetz zu erkennen geben, das in einer grossen Zahl von Fällen die Verhältnisse, nach welchen die Substanzen sich verbinden, abgrenzt, ungeachtet sie uns zahlreiche Beispiele darbietet von einem bestimmten Verhältniss zwischen dem Gewicht, womit eins der Elemente in die Verbindung mit den Gewichten der übrigen Elemente eingeht; ungeachtet sie uns im Uebrigen eine beachtenswerte Einfachheit zeigt in den Volumen, nach welchen viele Gase sich verbinden, so ist es nichtsdestoweniger wahr, dass sie uns auch eine Menge von Fällen darbietet, wo die Lehre von den atomistischen Verbindungen nicht wohl Anwendung finden kann.

Mag es nun in der Zusammensetzung der Materie gelegen sein, oder in der Kraft, welche auf jene wirkt, Etwas wodurch erklärt wird, warum die chemischen Verbindungen in Sprüngen stattfinden, ist unbestreitbar; aber die Idee der Atome an sich reicht nicht aus, allein diese Verbindungsweise zu erklären.

Indem sie einen besonderen Multiplikator oder Divisor für jedes Element gewählt haben, ist es den Chemikern gelungen, alle Verbindungen in Ausdrücken wiederzugeben, die von der atomistischen Theorie abgeleitet sind; aber sie geben dann das ursprüngliche Gesetz auf, welches überall Nichts als bestimmte Vielfache sieht, sowie die jedenfalls hypothetische Bezeichnung der „Atome", welche die einfachen Verhältnisse, die zwischen den Gewichten der Elemente oder Verbindungen zu herrschen scheinen, sie anzunehmen nöthigten; sie sind gezwungen zu wechseln und sich in den Ausdrücken zu widersprechen, indem sie theilen was ihre Hypothese und ihre Begriffe als untheilbar angenommen hatten.

Kurz, während ich eine grosse natürliche Wahrheit in

den ersten Verhältnissen erkenne, welche eine grosse Zahl von chemischen Verbindungen darbieten, und in dem Gang mit Sprüngen, welcher die Bildung fast aller beherrscht, so kann ich dennoch die Verbindungen nicht als einen Beweisgrund zu Gunsten der atomistischen Theorie ansehen, welche durch jene nur mittelst willkürlicher Begriffbildung gestützt werden kann.

Die nämliche Gewaltsamkeit, welche mit der Theorie der Aequivalente ausgeübt ist, scheint ausgedehnt zu sein auf die Theorie der zusammengesetzten Radikalen. Die gay-lussacsche Entdeckung des Zyanogens war vermutlich der erste Anlauf zu dieser Lehre von den zusammengesetzten Radikalen, welche gegenwärtig allgemein, vielleicht zu allgemein in der organischen Chemie angenommen ist.

Wie in dem Falle des Zyanogens ein offenbar zusammengesetzter Körper bei fast allen Reaktionen die Thätigkeiten eines einfachen Körpers verrichtet: ebenso hat man, in mehreren anderen Fällen, gesehen, dass Körper, in deren Zusammensetzung eine grosse Zahl von Elementen eingeht, als binäre Verbindungen angesehen werden können, wenn man gewisse Gruppen dieser Elemente als ein zusammengesetztes Radikal ansieht, d. h. als einen einfachen Körper, wenn man es mit der komplizirteren Substanz vergleicht, wovon es ein Theil ist, und bloss dann als nichteinfach oder Nichtelement, wenn man seine innere Konstitution berücksichtigt.

Unzweifelhaft leistet die Lehre von den zusammengesetzten Radikalen reelle Dienste, indem sie in der Theorie die Reaktionen der unorganischen und der organischen Chemie einander nähert, indem sie den Geist auf einem betretenen Wege erhält, statt ihm zu gestatten, sich in ein Labyrinth vereinzelter Thatsachen zu verlieren; von einer anderen Seite aber macht die unendliche Wandelbarkeit der Veränderungen, welche man sich in der Zusammensetzung einer organischen Substanz vorstellen kann, durch die verschiedenen Arten, ihre letzten Elemente zu gruppiren, dass die binären Verbindungen nach dem Geist der Autoren variiren, welche sie studiren, und dass ihre Anordnung ausschliesslich von dem Werte der Analogien abhängt, welche sie jedem einzelnen Denker an die Hand geben. Aus diesem Grunde und in Folge der äussersten Licenz, welche man sich erlaubt hat, bei der aus dieser Lehre entlehnten theoretischen Gruppirung, hat man das Recht sich ernstlich zu fragen, ob sie zur letzten Wirkung nicht haben wird, dass sie, wofern man sie nicht bedeutend einschränkt, Verwirrung herbeiführt statt zu vereinfachen, und dass sie für den Lernenden eher ein Hinderniss als ein wahrer Führer ist.

Andere Arten der Kraft.

Die katalytische Kraft, oder die Verbindungs- und die Zersetzungs-Erscheinungen, welche durch die blosse Gegenwart eines fremden Körpers eingeleitet werden, umfassen eine Klasse von Thatsachen, die unsere Ideen, bezüglich der chemischen Thätigkeit, beträchtlich umgestalten müssen. Beispielsweise bleiben der Sauerstoff und der Wasserstoff, im gasförmigen Zustande gemischt, während einer unbestimmbar langen Zeitperiode unverändert; aber die Einführung einer reinen Platinplatte in die Mischung veranlasst ihre Verbindung mehr oder weniger schleunig, ohne dass die Platte selbst auf irgend eine Weise verändert wäre. Andererseits bleibt das oxydirte Wasser, eine aus einem Aequivalent Wasserstoff und zwei Aequivalenten Sauerstoff gebildete Verbindung, vollkommen im Stillstande, wenn es eine gewisse Temperatur beibehält; wenn man es aber mit Platin in sehr fein vertheiltem Zustande berührt, so wird es augenblicklich zersetzt; ein Aequivalent Sauerstoff wird in Freiheit gesetzt. Hier bleibt wieder das Platin unverändert. Wir haben also zu gleicher Zeit ein Synthese und eine Analyse bewirkt, wie es den Anschein hat, durch die blosse Berührung eines fremden Körpers. Es ist nicht unwahrscheinlich, dass die Zunahme an elektrolytischer Kraft, welche dem Wasser durch die Hinzufügung gewisser Säuren, wie die Schwefelsäure oder die

Phosphorsäure, ertheilt wird, ohne dass diese Säuren selbst zersetzt werden, von einer katalytischen Wirkung dieser Säuren abhängen; aber wir kennen zu wenig die Natur und die Ursache der katalytischen Kraft, um mit Vertrauen irgend eine Meinung über ihre Wirkungsweise zu äussern; und es ist sehr möglich, dass wir mit dieser einzigen Bezeichnung sehr verschiedene moleküläre Thätigkeiten andeuten. In keinem Falle bietet uns die katalytische Kraft ein Vermögen oder eine Kraft neuer Art dar; sie veranlasst bloss oder erleichtert die chemische Thätigkeit, und folglich gibt es bei der Berührung keine Erzeugung von Kraft.

Die Kraft, welche durch Katalyse entwickelt wird, kann auf folgende Weise dazu geführt werden, eine voltasche Form anzunehmen: In ein einfaches Paar der Säule mit Gas, auf welche ich schon hingewiesen habe, lässt man das eine Ende einer Platinplatte in das Innere des mit Sauerstoff gefüllten Rohres tauchen, und das andere Ende in das Innere des mit Wasserstoff gefüllten Rohres; wenn die beiden Gase und die beiden Enden der Platinplatte durch Wasser oder durch ein anderes Elektrolyt verbunden werden, so formt sich auf diese Weise eine voltasche Verbindung, welche, nach der Willkür des Experimentators, Elektrizität, Wärme, Licht, Magnetismus und Bewegung erzeugen kann.

Wir haben, in der so konstituirten Säule, ein schlagendes Beispiel korrespondirender Ausdehnung und Zusammenziehung, ähnlich, wenn gleich in einer viel feineren Form, als die Ausdehnungen und Zusammenziehungen durch die Wärme und die Kälte, welche ich im ersten Theile dieser Abhandlung aufgezählt und durch das Wechselspiel der zwei zum Theil mit Luft gefüllten Blasen veranschaulicht habe: so verlieren, grade wie durch die Wirkung der chemischen Verbindung, in jedem Paare der Säule mit Gas, der Sauerstoff und der Wasserstoff ihren luftförmigen Charakter und verwandeln sich in Wasser; ebenso wird, an den Endspitzen des Platins in der Säule, wenn sie in Wasser getaucht werden, das Wasser zersetzt und in Sauerstoff und Wasserstoff aufgelöst.

Die Wechselkraft, welche die Gase in Flüssigkeit verwandelt, an einem Punkte des Raums, verwandelt die Flüssigkeit in Gas an einem anderen Punkte und das Mass, welches an einem Ort verschwindet, erscheint an einem anderen Ort genau wieder, dergestalt, dass es einem ungeübten Auge scheint als gingen die Gase durch die festen Drähte hindurch.

Ich hatte in meinen ursprünglichen Vorträgen nur vorübergehend die Schwere, die Trägheit, die Cohäsion erwähnt: ihre Beziehungen zu den anderen Kräften scheinen viel weniger bestimmt und definirbar; aber weil die Wirkungen und die Phänomene, welche aus der Schwere und aus der Trägheit entspringen die Bewegung oder der Widerstand gegen die Bewegung sind, so hab' ich, indem ich die Bewegung behandelte, einschliesslich auch vom Verhältniss der Trägheit und der Schwere zu den anderen Kräften gehandelt.

Herr Mosotti hatt mathematisch die Frage um die Einheit der Schwerkraft mit der cohäsiven Anziehung oder Cohäsion behandelt. Herrn Plucker ist es unlängst gelungen zu beweisen, dass die krystallisirten Körper auf eine determinirte Weise vom Magnetismus erregt werden, und dass sie in Beziehung auf die magnetischen Kraftlinien, Stellungen annehmen, die von ihren optischen oder symmetrischen Axen abhängen.

Was man optische Axe nennt, ist im Innern der Krystalle eine bestimmte Richtung, in welcher sie das Licht nicht doppelt brechen, eine Richtung die der Symmetrieaxe parallel ist, in den Krystallen, die nur eine einzige Axe ihrer Form haben oder eine einzige Linie, um die Alles symmetrisch ist. Dem Einfluss des Magnetismus unterworfen, nehmen die Krystalle eine solche Stellung an, dass die optische Axe, wie in den verlängerten diamagnetischen Körpern, sich quer oder senkrecht mit der Linie der magnetischen Kraft stellt; wenn, wie in dem Falle mehrerer Krystalle, mehrere optische Axen vorhanden sind, so stellt sich die Resultante oder die Diagonale eines auf diese beiden Axen konstruirten Paralelogramms diamagnetisch. Der Cyanit wird vom Magnetismus auf eine so markirte Weise erregt, dass er sich, wenn er aufgehangen ist, in Beziehung auf die Richtung des Erdmagnetismus, wie die Nadel einer Bussole stellt und deren Stelle vertreten kann.

Es ist fast keinem Zweifel unterworfen, dass die Kraft, welche in der Cohäsion wirkt die nämliche ist mit derjenigen welche die Materie die Krystallform annehmen macht; in der That erscheinen eine grosse Anzahl von Körpern, wenn nicht alle, ungeachtet sie amorph zu sein scheinen, wenn man sie aufmerksamer prüft, von krystallinischer Struktur: wir treffen so eine Wechselwirkung der Thätigkeit zwischen den Kräften, welche die Moleküle der Materie vereinigen und der magnetischen Kraft; durch das Zwischenglied dieser letztern Kraft bildet sich ein Verhältniss zwischen der anziehenden Kraft der Cohäsion und den anderen Arten der Kraft.

Ich denke, dass die nämlichen Prinzipien und die nämlichen Beweismethoden, welche ich in dieser Abhandlung angewendet habe, so gut auf die organische, als auf die unorganische Welt Anwendung finden können; und dass die Muskelkraft, die animalische oder vegetabilische Wärme, etc. in vielen Fällen ähnliche bestimmte Beziehungen haben und haben können; aber ich habe beschlossen, diesen Gegenstand nicht zu berühren, weil er einem Zweige der Wissenschaft angehört, dem ich nicht viel Aufmerksamkeit geschenkt habe. Ich muss gleichwol, weil ich auf diesen Gegenstand angespielt habe, in Kürze die Experimente erwähnen, welche Herr Matteucci im Jahre 1850 der königlichen Gesellschaft mitgetheilt hat, aus welchen hervorgeht, dass, welches auch die Kraft sein möge, welche sich durch die Länge der Nervenfasern fortpflanzt, diese Kraft auf entschiedene Weise durch den elektrischen Strom erregt wird. Seine Versuche zeigen, dass wenn ein positiver elektrischer Strom eine Muskelpartie bei einem lebenden Thiere in derselben Richtung durchströmt, in welcher sich die Nerven verbreiten, d. h. in der Richtung vom Gehirn nach den Extremitäten, eine Muskelzusammenziehung in dem Gliede entsteht, an welchem man experimentirt, was beweist, dass der Bewegungsnerv erregt ist, während wenn der Strom, wie man es nennt, so geleitet wird, dass er den Nerv in entgegengesetzter Richtung durchströmt, oder von den Extremitäten nach dem Nervenzentrum zu, das Thier schreit und alle Zeichen eines empfundenen

Schmerzes gibt, ohne dass eine wahrnehmbare Muskelthätigkeit entsteht, was beweist, dass in diesem Fall die Empfindungsnerven durch die Elektrizität erregt werden: es geht also aus diesen Thatsachen hervor, dass in den Nerven ein polarer Zustand vorhanden ist oder durch Induktion veranlasst wird, verhältnissmässig mit der Elektrizität, und dass wahrscheinlich dies polare Verhältniss die Nerventhätigkeit herstellt. Es gibt noch andere Analogieen, die in dem Memoire von Herrn Matteucci aufgezählt sind, abgeleitet von den Organen der elektrischen Fische, die geeignet sind, diese Anschauungsweise zu bestätigen und zu entwickeln.

Durch eine Anwendung der Lehre von der Wechselwirkung der Kräfte, hat Herr Doktor Carpenter gezeigt, wie man zum Theil eine Schwierigkeit lösen kann, zu welcher die Art Anlass gibt, wie man gewöhnlich die Entwicklung eines organischen Wesens aus seiner Keimzelle auffasst. Mehrere Physiologen haben geglaubt, dass der Bildungstrieb (nisus formativus), oder die organisirende Kraft der thierischen und der vegetabilischen Struktur im schlafenden Zustande in der ursprünglichen Keimzelle ruht. Nach dieser Anschauungsweise wäre die nöthige Kraft der Organisation, um eine Eiche oder einen Palmbaum, einen Elephanten oder einen Wallfisch herzustellen, konzentrirt in einem sehr kleinen Theilchen, das man nur mit Hilfe des Mikroskopes unterscheiden kann.

Gewisse andere Meinungen, ganz ebenso durchlöchert von Schwierigkeiten, sind aufgestellt. Herr Doktor Carpenter hat die Wahrscheinlichkeit hervorgehoben, dass die äusseren Kräfte, wie die Wärme, das Licht, die chemische Verwandtschaft, unausgesetzt auf den materiellen Keim wirken, so dass Alles, was in diesem Keime steckt, eine Struktur ist, fähig diese Kräfte zu dirigiren und in Zellen zu verwandeln, die eine Tendenz haben, die fremde Materie zu assimiliren und die einem Wesen eigenthümliche Struktur endgiltig zu entwickeln. Zum Beweise für diese Ansicht zeigt er, wie sehr der Entwicklungsfortschritt des Keimes von der Gegenwart und von der Thätigkeit der äussern Kräfte abhängt, vornehmlich der Wärme und des Lichts, und wie er geregelt wird durch die gemessene Anwendung dieser nämlichen Kräfte.

Gewiss ist es dann weniger schwer zu verstehen, wie die organischen Wesen, indem sie wachsen, von aussen her mit Kraft ausgerüstet werden, als wenn man eine Vorratskammer schlafender oder latenter Kraft, einmagazinirt in eine mikroskopische Monade, annimmt.

Wie durch die künstliche Konstruktion einer voltaschen Säule chemische Thätigkeiten dahin gebracht werden können, in einer bestimmten Richtung zu kooporiren, ebenso kann, durch die Organisation einer Pflanze oder eines Thieres, die Art der Bewegung, welche die Wärme, das Licht, etc. darstellt (man kann dies ohne Uebertreibung sagen), ergriffen, gemodelt und in Kräfte verwandelt werden, die das Nahrungsmaterial aufsaugen und assimiliren, und die Nerven- und Muskelthätigkeit. Man findet in den Schriften von Herrn Liebig Andeutungen dieser nämlichen Auffassung.

Bei dem Studium der Wechselwirkung der Lebenskräfte mit den unorganischen physikalischen Kräften trifft man eine Schwierigkeit, von den Wirkungen der Sinnesempfindungen und des inneren Gefühles herrührend, die eine ähnliche Verwirrung herbeiführt als die, welche wir erwähnt haben als wir, von der Wärme handelnd, zu behaupten wagten, dass die Beobachter zu geneigt sind, die Empfindungen mit den Phänomenen zu verwechseln. So z. B. (um einige der Erwägungen über die Kraft, welche ich in der Einleitung zu dieser Abhandlung entwickelt habe, auf solche Fälle anzuwenden, wo die Vitalität und die Empfindung im Spiele ist), wenn ein Gewicht mit der Hand erhoben wird, so muss, in Gemässheit der Lehre vom Nicht-Erzeugtwerden der Kraft, eine Ausgabe von Kraft stattfinden, äquivalent der Gewichtsstärke, welche überwunden werden muss, um das Gewicht zu erheben. Dass hier eine wirkliche Kraftausgabe stattfindet, das können wir beweisen, ob wir sie gleich, bei dem gegenwärtigen Zustande der Wissenschaft, nicht messen können. In der That, verlängern wir die Anstrengung, halten wir dies Gewicht während einer oder zwei Stunden hoch, so nimmt die Lebenskraft ab; die Nahrung, d. h. eine frische Zufuhr von chemischer Kraft, wird nöthig. Wird das Nahrungsmittel nicht gegeben und fährt man fort, die Anstrengung auszuüben, so sehen wir die Erschöpfung der Kraft hinzutreten, die Schwäche und die Abmagerung des Körpers.

Die Empfindung der Anstrengung, welche einigen Schriftstellern als Basis gedient hat, indem sie von der Kraft handelten, und wovon sie glaubten, dass sie in uns die Idee der Kraft erzeugte, kann von dem physikalischen Forscher mit Demjenigen verglichen werden, was die Empfindung bei den Phänomenen der Wärme und der Kälte ist, d. h. sie kann angesehen werden als die Wahrnehmung des Drucks der Molekülbewegungen, welcher dem Widerstande der in Bewegung zu setzenden Massen, um ihn zu überwinden, entgegenwirkt. Wenn wir sagen, dass wir die Wärme empfinden, dass wir die Kälte empfinden, dass wir selbst eine Anstrengung ausüben, so ist unsere Art uns auszudrücken verständlich für Wesen, die im Stande sind, ähnliche Erregungen zu empfinden; aber die physikalischen Veränderungen, welche diese Empfindungen begleiten, sind keineswegs dadurch erklärt. Ohne die Anmassung zu haben, Dasjenige zu kennen, was wir wahrscheinlich niemals kennen werden, die Wirkungsweise (modus agendi) des Gehirns, der Nerven, der Muskeln, etc. können wir doch die Lebenserscheinungen studiren, wie wir die unorganischen Phänomene studiren, durch die Beobachtung zugleich und durch das Experiment. So hat Sir Benjamin Brodie die Wirkungen der Athmung auf die thierische Wärme geprüft, indem er eine künstliche Athmung nach Durchschneidung des Rückenmarkes herstellte; er hat gefunden, dass in diesem Fall die thierische Wärme abnimmt, trotz der Fortdauer des chemischen Athmungsprozesses und der gewöhnlichen Bildung von Kohlensäure; aber er hat auch gefunden, dass in diesem Falle die Energie der Muskelkraft bei dem Thiere sehr gross ist, und wahrscheinlich ausreicht, um Rechenschaft zu geben von der durch die chemische Thätigkeit bei der Verdauung und bei der Athmung entwickelten Kraft; Liebig indem er die Menge chemischer Thätigkeit bei der Verdauung und bei der Athmung mass und mit der vollzogenen Arbeit verglich, hat bis auf einen gewissen Punkt ihr Aequivalenzverhältniss aufgestellt.

Bei dem nämlichen Individuum kann der chemische und

der physikalische Zustand der Absonderungen in den warmen und in den kalten Theilen des Körpers mit einander verglichen werden. Die Veränderungen in der Verdauung und in der Athmung, wenn der Körper in einem Zustand der Ruhe ist, können mit den analogen Veränderungen verglichen werden, welche stattfinden, wenn der Körper im Zustande der Thätigkeit ist. Die Beziehungen zu der äusseren Materie, welche zur Wirkung haben, dass, durch das beständige Spiel der natürlichen Kräfte, der Kernpunkt des Lebens fest bleibt, oder die Organisation, durch deren Mittel die Materie und die Kraft für eine bestimmte Zeitperiode, eine bestimmte Richtung und Verähnlichung gewinnen, können mit Bestimmtheit nachgewiesen werden, während die weniger greifbaren Veränderungen, welche in der innersten Struktur vor sich gehen, uns durch die immer wachsende Kraft des Mikroskops enthüllt werden; und so können wir, Schritt für Schritt, die Wissenschaft erobern, welche uns zu erreichen möglich ist, eine in ihrem Laufe unbegrenzte und in ihren Fortschritten unendliche Wissenschaft, eine Wissenschaft, welche folglich niemals die Antwort auf das entsetzliche Ultimatum: Wie? — ertheilen wird.

Ebenso wie der erste Glanz eines neuen Gestirnes vom Auge des Astronomen wahrgenommen wird, während er sein Auge nach einem anderen Punkte des Raumes richtet und das Gestirn für Denjenigen verschwindet, welcher es scharf ansieht, und um endlich dahin zu gelangen, dass man seine Stellung und Form kennt, bedarf es immer schärferer und schärferer Instrumente: ebenso offenbaren sich diese ersten Lichtblicke einer neuen Gattung von Naturerscheinungen oftmals freiwillig dem Auge des Beobachters, wenn er sie zufällig, von der Seite sieht, falls man sich so ausdrücken darf, und sie verschwinden vollkommen, wenn er sie gerade ansieht. Wenn neue Mächte des Gedankens und des Experiments diese ersten Begriffe entwickelt und berichtigt, und dem neuen Bilde einen Charakter gegeben haben, einen wahrscheinlich von dem ersten Eindruck verschiedenen Charakter, dann fangen bald neue Objekte an auf dem Rande des neuen Beobachtungsfeldes zu glänzen, Objekte, die ebenfalls erst auf ihre wahre Natur geprüft werden müssen und zu erweiterten Kenntnissen führen werden: so geschieht es, dass die gemachten Anstrengungen, um eine Beobachtung gut festzustellen, zu der unvollkommenen Auffassung eines Feldes voll reicher und neuer Thatsachen führen, und statt sich einem Endziele zu nähern, wird die Reihe der noch zu entdeckenden Phänomene um so unbegrenzter je mehr Entdeckungen wir fortwährend machen.

Folgerungen.

Ich habe jetzt alle Erregungen der Materie, welche in der herkömmlichen Nomenklatur bestimmte Namen erhalten haben, durchmustert: dass man andere Kräfte entdecken könne, von den ersteren eben so verschieden, als diese unter sich sind, das ist möglich: wenn sie entdeckt sein werden, wenn ihre Wirkungsweisen vollständig bestimmt sein werden, wird man dann finden, dass sie unter sich ähnliche innige Beziehungen haben als diejenigen, welche die bekannten Kräfte mit einander verbinden? Ich glaube, dass dies so gewiss ist, als irgend ein künftiges Ereigniss nur immer sein kann.

In vielen Fällen kann es eine sehr schwere Frage sein, festzustellen, worin das besteht, was eine bestimmte Erregung des Stoffs oder eine Kraft darstellt. Es ist sehr wahrscheinlich, dass man in die schon bekannten Kräfte andere Abgrenzungen gelegt haben würde, wenn sie auf eine andere Weise entdeckt worden, oder an anderen Punkten der sie verbindenden Kette beobachtet worden wären. So werden die strahlende Wärme und das Licht nach der Art unterschieden, wie sie auf unsere Sinne wirken; hätte man sie nach der Art betrachtet, wie sie auf die organische Materie wirken, so würde man wahrscheinlich sehr abweichende Begriffe über ihren Charakter und ihr gegenseitiges Verhältniss gewonnen haben. Auch die Elektrizität hat ihren Namen von der ersten Substanz erhalten, in welcher man sie entdeckt hat, wie der Magnetismus den seinigen von dem ersten Lande, wo er beobachtet ist; und eine Reihe von vermittelnden Erscheinungen hat die Elektrizität mit dem Galvanismus so gut verbunden, dass diese beiden Agentien jetzt als eine und die nämliche Kraft angesehen werden, verschieden nur nach ihrem Grade der Kraft und der Menge, ob sie gleich lange für verschieden gehalten sind.

Die vom Bernstein verursachte Anziehungs- und Abstossungserscheinung, welche dem Wort „Elektrizität" den Ursprung gegeben hat, ist so verschieden von der Zersetzung des Wassers durch die voltasche Säule als zwei Naturerscheinungen nur immer sein können. Es ist nicht anders als durch die geschichtliche Reihe der wissenschaftlichen Entdeckungen, in welcher sie durch eine ausreichende Zahl vermittelnder Ringe verbunden sind, ermöglicht, dass man sie unter die nämliche Kategorie klassifizirt hat. Was man voltasche Elektrizität nennt, kann ebenso gut, und vielleicht in viel eigentlicherem Sinne, voltascher Chemismus genannt werden. Ich erinnere an diese Dinge, um zu zeigen, dass die Unterscheidung mittelst der Wörter zuweilen viel grösser ist, als der Unterschied der durch Namen bezeichneten Vorgänge, und umgekehrt; ich will mich hierdurch keineswegs der herkömmlichen Nomenklatur widersetzen, noch will ich es gut heissen, dass man sie ablegen soll; thäte man dies, so würde daraus eine unvermeidliche Verwirrung entstehen; und die neue Terminologie würde ihrerseits ebenso begründeten Widerspruch erfahren.

Die Wörter, wenn sie einmal angenommen und bis zu einem gewissen Grade festgestellt sind, werden ein Theil des socialen Geistes, dessen Macht und Dasein von der Annahme konventioneller Symbole abhängt; würfe man die Symbole plötzlich fort, oder veränderte man sie nach dem Gutdünken individueller Auffassung, so würde die Erlernung und die Verbreitung der Wissenschaft zur Unmöglichkeit. Ohne Zweifel ist die Erneuerung der Begriffe in keiner Branche der menschlichen Kenntnisse mehr gestattet als in der Physik, weil sie die fortschreitendste aller Wissenschaften ist, und weil neue Thatsachen und neue Beziehungen neue Wörter erheischen; aber auch hierbei muss man mit viel Zurückhaltung verfahren.

> . . . . . . Si forte necesse est
> Indiciis monstrare recentibus abdita rerum,
> Fingere cinctutis non exaudita Cethegis
> Continget; dabiturque licentia sumpta pudentur.

Auch dann, wenn der Geist einmal dahin geführt sein wird, die Idee der Kräfteverschiedenheit ganz zu verlassen, alle Arten der Kraft als verschiedene Manifestationen einer und derselben Kraft anzusehen, oder sie endgiltig in Bewegung aufzulösen, so würden wir uns nichtsdestoweniger verschiedener Ausdrücke bedienen müssen um die verschiedenen Wirkungsweisen dieser einzigen, Alles umfassenden Kraft nachzuweisen.

Blicken wir nochmals zurück auf die Reihe der Wechselwirkungen zwischen den verschiedenen Kräften, welche wir nach der Reihe betrachtet haben, so werden wir sehen, dass in vielen Fällen, wo eine dieser Kräfte erregt wird oder vorhanden ist, alle anderen ebenfalls in Thätigkeit gesetzt werden; wird z. B. eine Substanz, wie das schwefelsaure Antimon, elektrisirt, so wird sie im Augenblicke der Elektrisirung magnetisch in einer mit der Kraftlinie der Elektrizität rechtwinkligen Richtung; sie wird zu gleicher Zeit warm bis zu einem mehr oder weniger hohen Grade, je nach der Stärke der elektrischen Kraft. Wird dieser Grad über eine gewisse Grenze hinausgetrieben, so wird dieser Stoff leuchtend oder es wird Licht erzeugt; er dehnt sich auch aus, und folglich wird Bewegung erzeugt; er zersetzt sich endlich und es wird chemische Thätigkeit erzeugt. Nehmen wir eine andere Substanz, z. B. ein Metall, so werden alle Kräfte, mit Ausnahme der letzten, erzeugt, und ob wir gleich nicht gut den Ausdruck „chemische Thätigkeit" auf eine noch unzersetzte Substanz anwenden können, auf eine Substanz, die unter den angenommenen Umständen keine neue Verbindung eingeht, so erfährt sie doch diese Art Polarisation, welche, soweit wir darüber zu urtheilen vermögen, der erste Schritt zur chemischen Thätigkeit ist, und welche, wenn sie zersetzlich wäre, sie in ihre Elemente auflösen würde. Vielleicht findet in der That einige chemische Thätigkeit, die bis jetzt noch nicht entdeckt wurde, in den Substanzen statt, welche wir für unzersetzbar halten; es gibt Versuche, die beweisen, dass Metalle, die elektrisirt worden sind, bleibende Veränderungen in ihrer molekülären Constitution erfahren haben. Der Sauerstoff, wie wir gesehen haben, wird durch den elektrischen Funken in Ozon verwandelt, und der Phosphor in elektrischen Phosphor. Diese beiden Veränderungen sind lange Zeit selbst Denjenigen unbekannt gewesen, welche mit der elektrischen Wissenschaft vertraut waren.

So also werden, bei gewissen Substanzen, wenn eine Art Kraft in ihnen erregt wird, alle anderen zugleich mit erregt. Bei anderen Substanzen, wahrscheinlich bei jeder Materie, werden einige der anderen Kräfte entwickelt, jedesmal, wenn eine einzige angeregt wurde; und sie würden es alle sein, wenn die Materie sich in einem für ihre Entwicklung günstigen Zustande befände, oder wenn unsere Mittel, um sie zu entdecken, fein genug wären.

Man hat allgemein geglaubt, dass die gleichzeitige Entstehung mehrerer Kräfte sich schwer mit der Idee ihrer wechselseitigen und notwendigen Abhängigkeit vereinige; diese Gleichzeitigkeit verursacht auch gewiss eine erschreckliche praktische Schwierigkeit, wenn es sich darum handelt, ihr Aequivalenzverhältniss festzustellen; aber sie kann, soweit ich darüber zu urtheilen vermag, auf keinen Fall die Theorie anfechten, welche alle und jede so ansieht, dass sie aus der Thätigkeit jeder beliebigen von allen entstehen können.

Wählen wir, um uns besser verständlich zu machen, eine oder zwei der wichtigsten Formen, welche man für diesen Einwand angewendet hat.

Eine voltasche Säule, angewendet um das Wasser in einem Voltameter zu zersetzen, zu der nämlichen Zeit, wo der von ihr verursachte Strom um einen Elektromagneten herumläuft und ihn aktiv macht, gibt, in dem Voltameter, ein Aequivalent Gas oder zersetzte Substanz für jedes Aequivalent chemischer Zersetzung im Innern der Zellen, grade so, als ob der Strom auf den Elektromagneten gar nicht wirkte. Zur Beantwortung dieses Einwandes kann man sagen: unter

den Umständen, wie gewöhnlich der Versuch gemacht wird,
ist die Säule aus mehreren Elementen zusammengesetzt, und
es ist daher im Innern der Zellen viel mehr entwickelte
Kraft vorhanden, als deren evident nachgewiesen wird in dem
Voltameter. Was mehr ist: auch dann wenn der Elektromagnet in den Kreis nicht mit eingeschlossen wird, ist gleichwol dieser Kreisstrom bei seinem ganzen Umlauf der Sitz
einer magnetischen Kraft; die Drähte z. B., welche die Pole
verbinden, ziehen den Eisenstaub an, bringen die Magnetnadel zum Abweichen etc. Ein kleiner Theil der Kraft
wird absorbirt von dem Metallkern des Elektromagneten in
dem Moment, wo er magnetisch wird; aber diese Kraft-
absorption hört auf, sobald das Eisen als Magnet konstituirt
ist; diese Thatsache ist bewiesen worden durch die neuen
Beobachtungen des Herrn Latimer Clarke, der gezeigt hat,
dass entlang den Telegraphendrähten die Magnetnadeln,
in Abständen aufgestellt, unbeweglich bleiben, während der
elektrische Strom, durch Induktion, auf die leitenden benachbarten Oberflächen wirkt, welche von ihm durch Guttapercha
getrennt sind, dergestalt, dass eine Art leydner Flasche gebildet wird; dass aber alsbald, wenn diese Induktion ihre
Wirkung gethan hat, die Magnetnadeln abgelenkt werden.
Dies ist etwas Aehnliches als wenn ein Gewicht durch einen
Kolben emporgehoben wird, ein Gewicht das Kraft raubt,
während man es aufhebt, das aber, einmal emporgehoben, die
Kraft, welche es absorbirt hatte, wieder herstellt oder frei
macht und die man zu einem anderen Gebrauche verwenden
kann. Würde man bei dem Versuche, wovon wir reden, sich
einer Säule aus nur einem Element bedienen, grade stark genug um das Wasser zu zersetzen, aber um Nichts mehr, so
würde sicherlich diese Säule aufhören, das Wasser zu zersetzen, wenn man sie zwänge, einen Elektromagnet zu
magnetisiren; wär' es anders, wäre die Zersetzung des Wassers in dem Voltameter der Ausdruck oder das Aequivalent
für die in den Zellen erzeugte Kraft und brächte der Strom
noch ausserdem die magnetische Kraft des Magneten hervor,
so würde diese letztere Kraft aus Nichts erzeugt und die
beständige Bewegung (das perpetuum mobile) wäre hergestellt.

In einem anderen Falle, den man zitiren könnte, ereignete es sich, dass ein Stück Zink, aufgelöst in Schwefelsäure, ein wenig minder an Wärme gab wenn es allein war, als wenn es an einen Platindraht befestigt war und sich in der nämlichen Menge Säure auflöste.

Die Widerrede formulirt sich so: Weil in dem zweiten Falle mehr Elektrizität erzeugt wird als in dem ersten, so muss dabei weniger Wärme erzeugt werden.

Hier ist die Antwort: Nach der angenommenen Theorie ist die Wärme das Produkt des elektrischen Stromes; und weil, in Folge der Unreinheit des Zinks, die Elektrizität in dem ersten Fall auf moleküläre Weise erzeugt wird, durch die Wirkung Dessen was man eine örtliche Thätigkeit nennt, aber ohne dass diese Elektrizität, herrührend von einer voltaschen Vereinigung des Zinks und des Platins, dazu gelangt, sich zu derjenigen zu gesellen, welche auf der Oberfläche des Zinks entsteht, so muss auch das Zink in dem zweiten Fall sich schneller auflösen; nun aber findet dies in Wirklichkeit statt.

Man könnte viele andere Beispiele dieser Gattung von Anomalien erdenken.

Aber, ungeachtet es schwer, wenn nicht vielleicht unmöglich ist, die Thätigkeit einer gewissen zur Hervorbringung einer anderen gegebenen Kraft einzuschränken zu der ausschliesslichen Erzeugung dieser einen Kraft, nehmen wir dennoch einmal an, dass die Gesammtheit einer Kraft, einer chemischen Thätigkeit z. B., zur Erzeugung ihres ganzen Aequivalents in Form einer anderen Kraft, der Wärme z. B., angewendet werde; dann ist diese Wärme im Stande, ihrerseits chemische Thätigkeit hervorzubringen, und dies in gleicher Menge mit der ursprünglichen Kraft, welches die chemische Thätigkeit ist, oder in einer Menge, die davon nur äusserst wenig verschieden ist; wenn diese Wärme zu gleicher Zeit und unabhängig eine andere Kraft, z. B. den Magnetismus erzeugen könnte, so würden wir, durch Hinzufügung dieser neuen, in Wärme umgesetzten Kraft zu der unmittelbar erzeugten Wärme, mehr als die erste chemische Thätigkeit erhalten und somit Kraft erzeugen oder die beständige Bewegung herstellen.

Das Wort Wechselwirkung, welches ich zum Titel für meine Vorlesungen im Jahre 1843 gewählt habe, bezeichnet, strenge genommen, eine wechselseitige Abhängigkeit von zwei unzertrennlichen Ideen, selbst in der geistigen Auffassung: so kann die Idee der Höhe nicht existiren, ohne dass sie die Wechselidee der Tiefe mit umfasst; die Idee einer Vaterschaft kann nicht existiren ohne die Idee der Nachkommenschaft. Dies Wort Wechselwirkung ist selten, wenn überhaupt, von physikalischen Schriftstellern angewendet worden; gleichwol gibt es eine grosse Mannigfaltigkeit an physikalischen Beziehungen die gewiss durch ein anderes Wort nicht besser können ausgedrückt werden, ungeachtet man es vielleicht nicht in seiner strickten ursprünglichen Bedeutung auf sie anwenden kann. Es gibt z. B. viele gepaarte Thatsachen, von welchen die eine nicht existiren kann, ohne die Existenz der anderen nach sich zu ziehen; der eine Arm eines Hebels kann nicht gesenkt werden, ohne dass der andere sich hebt; der Finger kann einen Tisch nicht drücken, ohne dass der Tisch den Finger drückt; ein Körper kann nicht erwärmt werden, ohne dass ein anderer Körper erkältet wird, oder ohne dass irgend eine andere Kraft ausgegeben oder erschöpft wird in einem äquivalenten Verhältniss mit der Erzeugung der Wärme; ein Körper kann nicht positiv elektrisirt werden, ohne dass ein anderer negativ elektrisirt wird, etc.

Es ist sehr wahrscheinlich, dass, wenn nicht alle, doch die mehrsten der physikalischen Erscheinungen korrelativ sind, und dass, ohne eine Zweiheit der Auffasung, der Geist sich von ihnen keine Vorstellung zu machen vermöchte: so kann die Bewegung nicht begriffen, oder selbst vielleicht nur vorgestellt werden, ohne beziehungsweise Veränderung der Stellung, oder dasjenige, was man eine Parallaxe nennt. Unsere Erdkugel ist für feststehend gehalten bis dahin, wo durch Vergleichung mit den Himmelskörpern gefunden ist, dass sie in Beziehung auf einander ihren Ort verändern; hätt' es in der Welt keine äussere erkennbare Materie gegeben, so würden wir niemals ihre Bewegung entdeckt haben. Wenn man einem Strome entlang schifft, so scheinen, in Bezug auf den Beobachter, die stehenden Schiffe und die festen Gegenstände am Ufer sich zu bewegen; gelingt es zuletzt dem Bewusstsein sich zu überzeugen, dass es der Beobachter ist, der sich bewegt, nicht aber die Gegenstände, so geschieht dies, indem es den Irrthum der Sinne korrigirt durch eine Reflexion, abgeleitet von einem bessern Gebrauch derselben als dem vorher gemachten; selbst dann bildet man sich eine Vorstellung von der Bewegung des Schiffes, in welchem man sich befindet, nur durch dessen Ortsveränderung in Bezug auf die Gegenstände, vor welchen es vorüber geht, d. h. unter der Bedingung, dass der Körper des Beobachters an der Bewegung des Schiffes theilnimmt, was nur stattfindet, wenn sein Gang vollkommen regelmässig und sanft ist; denn sonst würde die Ortsveränderung der verschiedenen Theile des Körpers und des Schiffes ihm das Gefühl seiner abwechselnden Bewegung geben, aber nicht dasjenige seines Fortschreitens. Ebenso sind bei allen physikalischen Erscheinungen die durch die Bewegung hervorgebrachten Wirkungen verhältnissmässig zu der bezüglichen Mitbewegung; so, mag das Kissen einer Elektrisirmaschine nun feststehen, oder mag es in Bewegung sein während der Zylinder oder die Scheibe unbewegt bleiben, oder mögen beide, das Kissen und die Scheibe, in entgegengesetzten Richtungen bewegt werden, oder in der nämlichen Richtung aber mit verschiedener Geschwindigkeit, — die elektrischen Wirkungen werden, alles Uebrige gleichgesetzt, genau dieselben sein, wenn nur die Bewegung oder die relative Ortsveränderung genau die nämliche ist, und so, ohne Ausnahme, mit allen anderen Phänomenen. Die Frage, zu wissen ob es eine absolute Bewegung geben kann, oder in der That eine ganz vereinzelte Kraft, ist ausschliesslich die metaphysische Frage des Idealismus und des Realismus, eine Frage, deren Lösung das von uns verfolgte Ziel wenig angeht; die Untersucher rein physikalischer Thatsachen huldigen dem Grundsatz: „De non apparentibus et non existentibus eadem est ratio." „Das nicht Wahrnehmbare und das Nichtvorhandene ist sich gleich."

Der Sinn, welchen ich mit dem Worte „Wechselwirkung" verbunden habe, indem ich von den physikalischen Erscheinungen handelte, und der, ich denke, durch die voraufgegangenen Theile dieser Abhandlung klar geworden ist, das ist derjenige einer wechselseitigen oder reciproken Wirkung; dies heisst, mit anderen Worten, dass eine Kraft, die im

Stande ist, eine andere hervorzubringen, ihrerseits durch diese andere wiedererzeugt werden kann, und in der Kraft, welche sie erzeugt, einen Widerstand finden kann, proportional mit der Energie, womit sie hervorgebracht wird, weil jede Kraft, indem eine Wirkung immer mit einer Gegenwirkung verbunden ist, einen Widerstand an der von ihr erzeugten Gegenwirkung findet; so findet die Thätigkeit einer elektro-magnetischen Maschine ihre Gegenwirkung in der von ihr erzeugten Magnet-Elektrizität.

In mehreren der von uns betrachteten Fälle jedoch kann der Ausdruck „Wechselwirkung“ in einer mit seinem ursprünglichen Sinne genauer in Einklang stehenden Bedeutung angewendet werden; so können wir, was die elektrische und magnetische Kraft im dynamischen Zustande betrifft, keine Substanz elektrisiren, ohne sie zu magnetisiren; wir können sie nicht magnetisiren, ohne sie zu elektrisiren. Jedes Molekül, sobald es von einer dieser Kräfte erregt wird, wird auch von der anderen Kraft erregt; ungeachtet sie in senkrechter Richtung wirken, sind diese Kräfte unzertrennlich und von einander abhängig, in Wechselwirkung mit einander, aber nicht identisch.

Das Fortschreiten oder die Umwandlung einer Kraft oder einer Art Kraft in eine andere, hat einige Physiker dazu geführt, alle Naturwirkungen als zur Einheit zurückführbar anzusehen und als hervorgehend aus einer einzigen Kraft, welche die bewirkende Ursache aller übrigen ist; so behauptet der eine Autor, dass die Elektrizität die Ursache aller in der Natur sich ereignenden Veränderungen ist, ein anderer will, dass die Wärme die Ursache von Allem sei, und so des Weiteren. Wenn, wie ich aufgestellt habe, der wahre Ausdruck der Thatsache dieser ist, dass jede Art Kraft die anderen hervorbringen kann, dann ist die Meinung, welche die eine oder die andere von ihnen als die ausschliesslich bewirkende Ursache aller anderen ansieht, ein Irrthum; ich vermuthe, dass diese Meinung entsprungen ist aus einer Vermischung des abstrakten oder allgemeinen Sinnes des Wortes Ursache mit seinem besondern oder konkreten Sinn, indem man das Wort an sich instinktmässig in diesem doppelten Sinn genommen hat.

Eine andere Verwirrung der Worte, die mich in der That als ich die in diesen Blättern ausgesprochenen Sätze bildete, nicht wenig in Verlegenheit gesetzt hat, entspringt aus der Unvollkommenheit der wissenschaftlichen Sprache, eine zum grossen Theil unvermeidliche Unvollkommenheit, die aber nichts desto weniger störend ist. So werden die Wörter Licht, Wärme, Elektrizität und Magnetismus fortwährend in zwei Bedeutungen gebraucht, d. h. in derjenigen einer hervorbringenden Kraft, die subjektive Idee einer Kraft oder eines Vermögens einschliessend, und in derjenigen einer hervorgebrachten Wirkung, die Idee eines objektiven Phänomens einschliessend. Das Wort Bewegung allerdings lässt sich bloss auf die Wirkung, nicht auf die Kraft anwenden; und das Wort chemische Verwandtschaft wendet man gewöhnlich auf die Kraft, nicht auf die Wirkung an; aber die vier anderen Ausdrücke werden, in Ermangelung einer unterscheidenden Terminologie, für alle beide, für die Kraft und für die Wirkung, ohne Unterschied, angewendet.

Ich habe mich gelegentlich desselben Wortes bald in einem subjektiven, bald in einem objektiven Sinn bedient; alles was ich sagen kann, ist, dass diese Verwirrung ohne die Erfindung neuer Wörter nicht vermieden werden kann; ich habe aber weder die Anmassung, neue Wörter zu erfinden, noch die Autorität, um ihre Annahme zu bewirken. Im Uebrigen kann die Anwendung des Wortes „Kräfte" im Plural von Denjenigen kritisirt werden, welche mit dem Worte Kraft nicht die Idee einer spezifischen Thätigkeit verbinden, sondern diejenige eines allgemeinen mit der Materie verbundenen Vermögens, dessen verschiedene von der Materie dargebotene Erscheinungen nur verschiedentlich modifizirte Wirkungen sind.

Die unwägbaren Agentien, als Kräfte angesehen und nicht als Materie, soll man sie als verschiedene Kräfte auffassen oder als verschiedene Arten einer Kraft? Diese beiden Anschauungsweisen sind wahrscheinlich materiell nicht verschieden; denn, soweit ich es wissen kann, würden sie zu den nämlichen Resultaten führen; ich habe mich folglich dieser beiden Ausdrücke unterschiedlos bedient, je nachdem der

eine oder der andere gelegentlich meinen Gedanken besser
ausdrückte.

Im ganzen Verlaufe dieser Abhandlung hab' ich die Bewegung in die nämliche Kategorie mit den anderen Erregungen der Materie gestellt. Der von mir angenommene Gang
der Folgerungen scheint mir jedoch unvermeidlich zu diesem
Schlusse zu führen, dass die Erregungen der Materie selbst
Arten der Bewegung sind; dass, wie in dem Falle der Reibung, die grobe oder greifbare Bewegung, welche angehalten
oder verhindert wird durch die Begegnung eines anderen Körpers, in moleküläre Bewegungen oder Vibrationen zerlegt wird,
welche nach Umständen Wärme oder Elektrizität sind; ebenso
sind die anderen Erregungen nur bewegte oder in gewissen festen
Richtungen molekülär erregte Materie. Wir haben schon die
Hypothese untersucht, welche will, dass der Durchgang der
Elektrizität und des Magnetismus die Moleküle eines Aethers
in Vibrationen versetzt, welcher die Körper durchdringt, durch
welche der Strom hindurchgeht, oder die Anwendung dieser
selben Hypothese vom Aether auf die imponderablen Agentien,
welche man vorgängig im Lichte spielen lässt; Mehrere, indem
sie von einigen dieser Wirkungen sprechen, nehmen an, dass
die Elektrizität und der Magnetismus mittelst ihres Durch-
ganges Erzitterungen in den materiellen Theilchen veranlassen
oder erzeugen; aber sie sehen die so erzeugten Vibrationen
als eine beiläufige und nicht immer nothwendige Wirkung
der durchströmenden Elektrizität, der Zunahme oder der Abnahme des Magnetismus an. Die Meinung, welche ich angenommen habe, ist, dass die Vibrationen oder molekülären Po-
larisationen selbst die Elektrizität oder der Magnetismus sind,
oder, um die umgekehrte Fassung auszusprechen, dass die
Elektrizität und der dynamische Magnetismus an sich selbst
Bewegungen sind, dass der bleibende Magnetismus und die
franklinsche Elektrizität statische Zustände der auf die Moleküle wirkenden mechanischen Kraft sind. Die gleichzeitige
Entstehung aller hier betrachteten Erregungen der Materie
dient, so scheint mir, der Ansicht zur Stütze, welche in ihnen
nur Arten der Bewegung sieht.

Diese Theorie hätte mehr in's Einzelne können diskutirt
werden, als ich es in diesem Werke gethan habe; aber um

es zu thun und um alle Widerreden vorauszusehn, hätte man auf Einzelnheiten eingehen müssen, welche dem hier betrachteten Gegenstande fremd sind; mein Zweck war vielmehr im Verlaufe dieser Abhandlung, die Wechselwirkung der Naturkräfte wie dargethan durch die Thatsachen vorzuführen, als in eine detaillirte Auseinandersetzung über ihre spezielle Wirkungsweise einzugehen.

Der Mensch wird wahrscheinlich nie die innerste Konstitution der Materie oder die Grundlagen der molekülären Thätigkeit kennen lernen; es ist in der That schwer zu glauben, dass der Geist jemals diese Kenntniss erlangen könne, weil die in Atome nicht aufgelösten Monaden mittelst eines Mikroskops von bestimmter Messkraft, durch eine Steigerung der Vergrösserung, immer weiter zerlegt werden können. Ich wage sogar zu sagen, dass man die Wissenschaft schon ein wenig kompromittirt hat durch hypothetische Versuche, die Materie zu zergliedern, die Formen, die Durchmesser, die Zahl der Atome mit ihren Atmosphären aus Wärme, Aether, Elektrizität, etc. festzustellen.

Mag nun die Meinung, welche die Elektrizität, das Licht, den Magnetismus, etc. als einfache Bewegungen der gewöhnlichen Materie ansieht, zulässig sein oder nicht, so bleibt gewiss, dass alle früheren Theorien gethan haben, was die gegenwärtigen Theorien ebenfalls thun: sie führen die Thätigkeit dieser Kräfte auf die Bewegung zurück. Mag es sein, weil die Bewegung für uns etwas so Geläufiges ist, dass wir ihr alle anderen Erregungen der Materie zuschreiben, und dass wir es thun, weil diese Redeweise fasslicher und angemessner für ihre Erklärung ist; mag es sein, dass in Wirklichkeit die Bewegung die einzige Art ist, wie unser Geist die materiellen Thätigkeiten sich vorstellen kann: es ist gewiss, dass seit der Epoche, wo die mystischen Ideen über geistige und übernatürliche Mächte aufgehört haben, zur Erklärung physikalischer Phänomene herangezogen zu werden, alle zu ihrer Erklärung erdachten Hypothesen sie auf die Bewegung zurückgeführt haben. Nehmen wir z. B. die Lichttheorie, auf welche wir schon hingewiesen haben: die eine nimmt an, dass das Licht eine ausserordentlich feine Materie ist, ausgeströmt, d. h. in Bewegung gesetzt durch die leuch-

tenden Körper; eine andere nimmt an, dass die Materie nicht
von den leuchtenden Körpern ausgeströmt wird, aber dass
sie durch sie in einen Zustand der Vibration oder der Undulation versetzt wird, dies heisst wieder — in Bewegung;
drittens endlich kann das Licht angesehen werden, wie eine
Undulation oder eine Bewegung der gewöhnlichen Materie
fortgepflanzt durch die Einwirkung der Moleküle selbst auf
einander. In allen diesen Hypothesen sind die Materie und
die Bewegung die einzigen an dem Spiel betheiligten Begriffe. Nehmen wir davon die Ausdrücke aus, welche von
unseren eigenen Empfindungen entlehnt sind, welche Empfindungen vielleicht selbst Nichts sind als Arten von Bewegungen im Innern der Nervenfasern, so vermögen wir keine
Wörter zu finden, um die Phänomene anders zu bezeichnen,
als Wörter, die den Begriff der Materie und der Bewegung
einschliessen. Vergeblich bemühen wir uns, diesen Ideen zu
entrinnen; gelänge es uns, ihrer los zu werden, so würde unsere geistige Kraft eine Veränderung erfahren, die wir für
jetzt auf keine Weise voraussehen können.

Ein grosses Problem, das zu lösen bleibt, in Betreff der
Wechselwirkung der Naturkräfte, ist die Feststellung der
Aequivalente ihrer Kraft, oder ihr Ausdruck in Maas und
Zahl, bezogen auf eine gegebene Einheit. Die in einigen
Abtheilungen dieser Untersuchung schon erzielten Fortschritte
sind schon angegeben worden. Bei Erforschung ihres gegenseitigen statischen Verhältnisses oder der erforderlichen Bedingungen damit sie das Gleichgewicht oder die quantitative
Gleichheit der Kraft herstellen, ist ein bemerkenswerthes
Verhältniss zwischen der chemischen Verwandschaft und der
Wärme von den Herren Dülong und Petit bei einigen einfachen Körpern entdeckt und seither von den Herren Neumann
und Avrogado auf einige zusammengesetzte Körper ausgedehnt. Ihre Untersuchungen haben gezeigt, dass die spezifische Wärme gewisser Substanzen, multiplicirt mit ihrem
chemischen Aequivalent, ein feststehendes Produkt geben,
oder, mit anderen Worten, dass die Gewichte der Verbindungen dieser Substanzen die Gewichte sind, welche gleiche
Zugaben oder Abzüge von Wärme erheischen, um ihre Temperatur um die nämliche Zahl von Graden zu erhöhen oder

zu erniedrigen. Um diesen Satz mehr in Einklang zu bringen mit der Meinung, welche wir uns von der Natur der Wärme gebildet haben, können wir sagen, dass jeder Körper ein Vermögen hat, die moleküläre Repulsivkraft mitzutheilen oder aufzunehmen ganz genau gleich, Pfund für Pfund, mit seinem chemischen oder Verbindungsvermögen; z. B. das Aequivalent des Bleis ist 104, das des Zinks ist 33, oder in runder Zahl 3 und 1; diese Zahlen sind folglich umgekehrt proportional mit ihrem chemischen Vermögen, dies will sagen, dass es dreimal mehr Blei als Zink erfordert, um die nämliche Menge Säure oder einer andern Substanz, die sich mit diesen Metallen verbinden kann, zu sättigen; also sind ihre Vermögen, die Wärme und die Repulsivkraft mitzutheilen oder zu entziehen genau in dem nämlichen Verhältniss, weil es dreimal mehr Blei als Zink erfordert, um die nämliche Menge Ausdehnung oder Zusammenziehung in einer gegebenen dritten Substanz, dem Wasser z. B., hervorzubringen.

Im Uebrigen verbindet sich eine grosse Zahl von Körpern chemisch in gleichen Volumen, d. h. in dem Verhältniss ihrer spezifischen Schwere; nun repräsentiren die spezifischen Schweren die Anziehungsvermögen der Substanzen oder sind die Zahlenausdrücke für die Kräfte, wodurch die Stoffmassen sich zu einander in Bewegung setzen, während die chemischen Aequivalente die Ausdrücke für die Verwandtschaften sind, oder für die Tendenzen der Moleküle unähnlicher Substanzen sich zu verbinden oder sich gegenseitig zu sättigen; wir finden hier folglich, für eine gewisse Anzahl Körper, ein Aequivalentverhältniss zwischen diesen zwei Arten der Kraft, der Schwere und der chemischen Anziehung.

Wenn man die hier aufgezählten Beziehungen zu der Bedeutung eines allgemeinen Gesetzes erhöbe, so würden wir die nämlichen Zahlenausdrücke für die drei Kräfte: die Wärme, die Schwere und die Verwandtschaft finden; und weil die Elektrizität und der Magnetismus zu diesen Kräften in quantitativen Verhältnissen stehen, so würden wir zu einem ähnlichen Ausdruck für diese zwei neuen Kräfte gelangen; aber bis jetzt ist die Zahl der Körper, bei welchen diese Kräfte-Gleichheit entdeckt ist, wenn gleich an sich gross, doch gering, wenn man sie mit den Ausnahmen vergleicht;

und folglich können diese Annäherungen nur als die Berechtigung zu der Hoffnung gegeben werden, dass ein allgemeines Gesetz gefunden werden wird, wenn die nachfolgenden Forschungen dahin gelangt sein werden, Dasjenige zu modifiziren, was wir von den Elementen wissen und von den Aequivalenten der materiellen Verbindungen.

Was Dasjenige betrifft, was man die dynamischen Aequivalente nennen kann, d. h. die bestimmten Zeitverhältnisse bei der Wirkung dieser verschiedenen Kräfte auf Aequivalente der Materie, so ist die Schwierigkeit sie festzustellen, vielleicht grösser. Wenn der Satz, welchen ich im Anfange dieses Werkes aufgestellt habe, richtig ist, nämlich, dass die Bewegung sich subdividiren oder ihren Charakter ändern kann, dergestalt, dass sie Wärme, Elektrizität etc. wird, so muss daraus folgen, dass wenn wir die zerstreuten oder umgewandelten Kräfte vereinigen und wieder umwandeln, die anfängliche Bewegung, die nämliche Menge Stoff mit der nämlichen Schnelligkeit erregend, wieder hergestellt werden muss; und es muss ebenso mit der durch die anderen Kräfte in der Materie hervorgebrachten Veränderung sein; aber wenn es sich darum handelt, durch Versuche die Wahrheit dieser Thatsache zu beweisen, so wird man in vielen Fällen auf unüberwindliche Hindernisse stossen; es ist uns unmöglich, die Bewegung einzusperren, wie wir die Materie einsperren, ob wir gleich, bis auf einen gewissen Punkt, ihre Richtung einschränken können.

Bei der Dampfmaschine z. B. dehnt die Wärme des Heerdes nicht bloss das Wasser aus und bringt auf diese Weise die Bewegung des Stempels hervor: sie dehnt auch das Eisen des Generators aus, des Zylinders und aller umgebenden Körper. Die ausgegebene Kraft bei der so geringen Ausdehnung des Eisens ist derjenigen gleich, welche den Dampf in so grossem Verhältniss ausdehnt; diese Ausdehnung des Eisens ist ihrerseits im Stande eine grosse mechanische Kraft hervorzubringen, die in der Anwendung verloren geht. Könnte man die ganze Wärmekraft des Heerdes ausschliesslich zur Dampferzeugung anwenden, so würde man, bei gleicher Ausgabe von Brennstoff, einen enormen Zuwachs an Kraft gewinnen; vielleicht auch könnte man, selbst mit unsern gegenwärtigen Mitteln, mehr thun, um aus der Ausdehnung des Eisens Nutzen zu ziehen.

Eine andere grosse Schwierigkeit, auf welche man bei der experimentellen Feststellung der dynamischen Acquivalente der verschiedenen Kräfte trifft, rührt von der Arbeit her, welche man verrichten muss, um eine vorher bestehende Kraft zu trennen oder zu überwinden. So, wenn ein Theil der ursprünglichen Kraft angewendet wird, um die von der kohäsiven Anziehung vereinigten Theilchen der Materie zu drehen oder zu trennen, oder um die Schwerkraft und die Trägheit zu überwinden, wird sich nicht die nämliche Menge Wärme oder Elektrizität entwickeln können, als wenn dies Hinderniss nicht existirte und wenn die ganze ursprüngliche Kraft nicht angewendet würde, einen Widerstand zu überwinden, sondern hervorzubringen. Es ist, auf den ersten Blick, ausserordentlich schwer, Versuche zu erdenken, bei welchen ein Theil der Kraft nicht angewendet würde, um gegen eine bestehende Kraft zu kämpfen.

Die voltasche Säule gewährt uns das beste Mittel, die dynamischen Acquivalente der verschiedenen Kärfte festzustellen, und es ist wahrscheinlich, dass man mit ihrer Hilfe zuletzt praktische und theoretische Resultate erreichen wird, die Nichts werden zu wünschen übrig lassen.

Indem ich den Beziehungen der verschiedenen Kräfte nachforschte, hab' ich wechselweise jede von ihnen als erste Kraft oder als Ausgangspunkt genommen, und ich habe mich bemüht zu zeigen, wie die Kraft, auf diese Weise willkürlich ausgewählt, mittelbar oder unmittelbar die anderen hervorbringen oder sich in sie auflösen kann, aber es ist einleuchtend für alle, die aufmerksam den Gegenstand studirt haben, und deren Geist im Allgemeinen die Wahrheit der ihnen vorgetragenen Ansichten angenommen hat, dass keine Kraft, genau genommen, eine Anfangskraft sein kann, weil sie eine frühere Kraft voraussetzt, von welcher sie erzeugt wird: wir können ebenso wenig die Kraft oder die Bewegung erzeugen als die Materie. So, um ein schon angeführtes Beispiel zu nehmen, und an Früheres anknüpfend: ein leuchtender Funken wird durch die Elektrizität hervorgebracht, die Elektrizität durch die Bewegung, und die Bewegung durch eine andere Ursache,

z. B. durch eine Dampfmaschine, d. h. durch die Wärme.
Diese Wärme wird erzeugt durch die chemische Verwandtschaft, d. h. durch die Verwandtschaft des Kohlenstoffs im
Oel für den Sauerstoff der Luft; dieser Kohlenstoff und dieser
Sauerstoff wurden vorher entwickelt oder erzeugt durch Thätigkeiten, die schwer zu entdecken sind, aber deren früheres
Bestehen kein Gegenstand eines Zweifels sein kann, und in
welchen, wenn wir sie analysiren wollten, wir die kombinirten
und abwechselnden Wirkungen der Wärme, des Lichtes, der
chemischen Verwandtschaft, etc. finden würden. So also,
wenn wir versuchen, jede Kraft auf die früheren Kräfte zu-
rückzuführen, verlieren wir uns in einer Unendlichkeit von
Formen der Kraft, die ohne Unterlass wechseln; angelangt
an einer gewissen Grenze, verlieren wir ihre Spur, nicht weil
an diesem bestimmten Punkt eine wahre Schöpfung eingetre-
ten wäre, sondern weil die letzte Kraft, welche wir haben
erreichen können, sich selbst in so viele Kräfte auflöst, welche
zu ihrer Erzeugung beigetragen haben, dass ihre Analyse
unseren Sinnen oder unseren Mitteln sie nachzuweisen entgeht; genau so wie dann, wenn wir in diesen auf einander
folgenden Wirkungen eine als Ausgangspunkt genommene
Kraft verfolgen, gelangen wir, wie ich es aufgestellt habe,
dahin, sie so subdividirt und so zerstreut zu finden, dass sie
den Mitteln entschlüpft, durch welche wir sie entdecken
könnten.

Ist es uns denn in der That möglich, uns unter einer in
der Wirklichkeit denkbaren Form, eine Kraft ohne vorauf-
gehende Kraft vorzustellen? Ich vermag es nicht, ohne die
Dazwischenkunft der Schöpferkraft anzurufen, ebenso wenig
als ich, ohne diese Dazwischenkunft, das plötzliche Erscheinen
einer Masse von Stoff begreifen kann, der vom Nichtsein
zum Sein übergeht, oder aus dem Nichts gebildet ist. Die
Unmoglichkeit, im menschlichen Sinn gesprochen, Materie zu
erzeugen oder zu vernichten, ist schon lange angenommen,
ungeachtet vielleicht ihre Annahme in festbestimmten Worten
von dem Umsturz der phlogistischen Theorie und von der
Reform der Chemie zur Zeit Lavoisiers herstammt. Die
Gründe, welche dazu treiben, die nämliche Lehre der Nicht-
Erzeugung und der Nicht-Vernichtung aufzustellen, sind im

gleichen Grade mächtig. Für Denjenigen, welcher die Materie betrachtet, gibt es mehrere Fälle, wo wir praktisch nimmer das Aufhören ihrer Existenz nachweisen können, und doch können wir keineswegs an dies Aufhören glauben: wer z. B. kann in der Weise, dass sie von Neuem gewogen werden, den von einem Radreifen abgerissnen Eisentheilchen folgen? wer könnte die zerstreuten und chemisch veränderten Theilchen bei der Verbrennung einer Kerze wiedervereinigen? Unterwerfen wir die Materie gewissen Bedingungen der Begrenzung und der Vereinzelung bei physikalischen und chemischen Veränderungen, so können wir, es ist wahr, den Beweis für ihre zusammenhängende Existenz, Pfund für Pfund, gewinnen; und wir können das Nämliche auch, bei einigen Fällen von Kraft wie die Elektrolyse, in bestimmten Verhältnissen: es ist uns in der That der Beweis, dass die Materie in kontinuirlichem Zusammenhange ist, durch die Fortsetzung der von ihr ausgehenden Kraftentwicklung gegeben, wie denn, wenn wir die Materie wägen, unser Beweis für ihre Existenz die von ihr ausgeübte Anziehungskraft ist; ebenso ist auch für uns der Beweis einer vorhandenen Kraft die Materie, auf welche sie gerade wirkt.

So sind denn, im strengen Sinne des Worts, die Materie und die Kraft im Verhältniss der Wechselwirkung (korrelativ); die Auffassung der Existenz der einen schliesst diejenige der Existenz der anderen in sich; im Uebrigen ist die Masse der Materie und der Grad ihrer Kraft unzertrennlich mit der Idee von Raum und Zeit verbunden. Aber wenn ich diesen abstrakten Verhältnissen folgen wollte, würden sie mich viel zu weit in die verführerischen Abwege der metaphysischen Spekulationen leiten.

Dass die theoretischen Partien dieses Werkes Stoff zu Einwürfen gewähren, davon bin ich im Innersten überzeugt. Ich kann gleichwol nicht anders als glauben, dass die beste Art, eine Theorie zu prüfen, die Vergleichung mit anderen Theorien ist und die Untersuchung ob sich, Alles wohl erwogen, die Wagschale der Wahrscheinlichkeit zu ihren Gunsten neigt. Von dem Augenblick ab, wo eine Theorie den Einwendungen keinen Raum mehr gewährt, hört sie auf, Theorie zu sein und wird zum Gesetz; und, wenn wir uns darauf steifen wollten,

keine Theorien zu machen, oder die Naturerscheinungen nicht
eher von einem allgemeinen Gesichtspunkte zu betrachten,
als dann, wenn unsere allgemeinen Sätze gewiss und ausserhalb des Bereiches aller Einreden sind, mit anderen Worten:
wenn sie zu Gesetzen geworden sind, dann würde die Wissenschaft sich in eine zusammengewürfelte Masse von Beobachtungen ohne Zusammenhang verlieren, die man niemals zu
entwirren im Stande wäre. Man muss die Uebertreibungen
so wol in dem einen, als in dem anderen Fall vermeiden;
wenngleich wir uns irren können, indem wir uns voreilige
allgemeine Sätze aufzustellen erlauben, so können wir uns
ebenso gut irren, wenn wir uns darauf beschränken, blosse
mühsame Beobachtungen anzusammeln, welche oftmals, ob sie
gleich zuweilen zu kostbaren Resultaten führen, dennoch,
wenn man sie sich ohne vereinigendes Band anhäufen lässt,
grossen Zeitverlust verursachen und die Phänomene, auf welche
sie sich beziehen, in einer grösseren Dunkelheit zurücklassen
würden als die war, in welche sie vor dem Anfang der Beobachtung gehüllt waren.

Die Ansammlungen von Thatsachen sind verschieden an
Wichtigkeit wie ebenfalls die Theorien; die ersteren gewinnen
ihren Wert in manchen Fällen durch ihre Brauchbarkeit zu
allgemeinen Sätzen, während, wechselweise, die Theorien Wert
haben als Methoden, Reihen von Thatsachen einander unter-
zuordnen, sie haben um so grösseren Wert, je weniger Ausnahmen sie erheischen und je weniger postulata; Thatsachen
können zuweilen durch eine Ansicht so gut erklärt werden
als durch die andere, aber ohne Theorie wären sie nicht zu
verstehen und nicht mittheilbar. Geben wir uns noch so viel
Mühe, eine Thatsache ohne die Sprache der Theorie mitzutheilen, wir werden gewiss scheitern; die Theorie ist allen
unsern Ausdrücken mitgegeben, die Wissenschaft vergangener
Zeiten ist auf die späteren Zeiten in Ausdrücken übertragen
die theoretische Begriffe enthalten. In dem Masse wie unsere
auf einen Wissenszweig sich beziehenden Kenntnisse sich entwickeln, wird unsere Art, sie aufzufassen, einfacher. Man
überhebt sich mehr und mehr des Zufluchtnehmens zu Hypothesen und voraussetzenden Erklärungen; die Worte lassen
sich besser den Erscheinungen anpassen und verlieren die

hypothetische Bedeutung, welche sie nothwendig bei ihrer ersten Anwendung hatten, sie gewinnen einen nachträglichen Sinn, der unmittelbarer unserm Geiste die Thatsachen bezeichnet, deren Ausdruck sie sind. Das Gerüste hat seinen Zweck erreicht. Die Hypothese erlischt, und eine Theorie oder allgemeine Ansicht der Phänomene, unabhängiger von jeder Voraussetzung, aber noch voll Lücken und voll Schwierigkeiten, tritt an ihre Stelle. Diese erste Theorie ihrerseits, wenn die Wissenschaft fortfährt weiterzugehen, oder den Platz einem einfacheren und weiteren allgemeinen Satze einräumt, oder indem sie vollständig die Einwürfe beseitigt — geht zum Gesetze über. Selbst in dieser vorgeschrittenen Periode bedient man sich von Theorien gefärbter Wörter, aber die Erscheinungen sind jetzt verständlich und untereinander verbunden, unabhängig von der Ausdrucksweise, deren man sich bedient.

Ueber die Natur nachdenken, das heisst theoretisiren. Es ist nur zu leicht, durch den Zusammenhang der Naturerscheinungen, sich zu Theorien hinreissen zu lassen, welche Denjenigen gezwungen und unverständlich erscheinen, welche nicht derselben Gedankenrichtung gefolgt sind: Theorien die im Uebrigen, wenn sie einen unverdienten Einfluss gewinnen, uns verführen, indem sie uns von der Wahrheit, welche der einzige Gegenstand unserer Nachforschung ist, entfernen.

Wie soll man die Grenzlinie ziehen? wie mag man sagen: „Man kann bis dahin gehen, nicht weiter," in all den Klassen eigenthümlicher Analogien und Beziehungen, welche die Natur darbietet? bis wohin kann man den fortschreitenden Witterungen des Gedankens folgen, und wann muss man sich wehren gegen seine Verführungen? Dies ist eine Frage nach dem Grade, die man dem Urtheile jedes Individuums und jeder Klasse von Denkern zu überlassen hat; und tröstlich bei Alledem ist Dies, dass der Gedanke niemals nutzlos ausgegeben wird.

Ich habe überall gesucht den überfeinen und geheimnissvollen Hypothesen der „Wesenheiten" auszuweichen. Wenn ich, in diesem Streben, einige auf unzureichende Thatsachen gestützte Meinungen angenommen habe, so hoff' ich gleichwol, dass dies Werk nicht als werthlos wird angesehen werden.

Die Ueberzeugung, dass die Imponderabilien Arten der
Bewegung sind, wird zur Wirkung haben, unter allen Umständen
Diejenigen, welche die Naturerscheinungen beobachten, dahin
zu führen, dass sie darauf vorbereitet sind, überall in den
Kundgebungen der Materie Veränderungen zu entdecken, wo
die innere Struktur der Materie verändert ist; und umgekehrt,
in der Materie Veränderungen zu entdecken, theils vorübergehende, theils dauernde, überall wo sie von den verschiedenen
Arten der Kraft erregt wird. Ich glaube dass man, wenn
man so verfährt, selten in seinen Erwartungen getäuscht sein
wird. Nur nachdem ich lange über diesen Gegenstand nach-
gedacht hatte, hab' ich es gewagt, meine Ansichten zu veröffentlichen; ihr Bekanntwerden kann andere Autoren dazu
führen, denselben Stoff zu diskutiren. Sie sind nicht alle in
derselben Absicht vorgeführt, und sie massen sich nicht an,
in den Details so gut studirt zu sein, als die Memoiren über
die neusten in der Physik gemachten Entdeckungen; sie bieten sich dar wie eine Methode, um von einem intellektuellen
Standpunkte bekannte Thatsachen zu betrachten, von welchen
ich bei anderen Gelegenheiten nur eine kleine Zahl erörtert
habe, deren grosse Masse in den Werken der Physiker an-
gehäuft ist und die als feststehende Wahrheiten angesehen
werden. Jeder hat das Recht, diese Thatsachen durch das
Mittel oder Glas anzusehn, dessen Gebrauch ihm am Vor-
theilhaftesten erscheint; aber durchaus muss im Geiste Derjenigen, welche über die neusten entdeckten Thatsachen nachdenken, eine theoretische Idee vorhanden sein. Durch eine
allgemeine und zusammenfassende Ansicht über die früheren
Errungenschaften im Gebiete der Naturkenntnisse kann man
die besten Schlüsse über den wahrscheinlichen Charakter der
von der Zukunft zu hoffenden Resultate ziehen. Es ist eine
grosse Hilfe bei ähnlichen Forschungen, wenn man innig
überzeugt ist, dass eine Naturerscheinung nicht vereinzelt
auftreten kann: eine jede dieser Erscheinungen ist unvermeidlich an voraufgegangene Veränderungen geknüpft, ebenso wie
unvermeidliche Veränderungen auf sie folgen, jede auf jede
einzelne und alle in Zeit und Raum; und ob man nun auf
die früheren Veränderungen zurückgeht, oder zu den nachfolgenden Veränderungen aufsteigt, so wird man mehrere neue

Phänomene entdecken, während mehrere bekannte Phänomene,
die man bis dahin ohne Verbindung glaubte, mit einander verbunden und erklärt erscheinen werden: die Erklärung ist in
der That Nichts als die grössere Annäherung einer Sache an
unsern Geist, die darum, zum Mindesten in Anschung der
Ursache oder Entstehung, nicht bekannter wird. Je mehr
wir bei allen Erscheinungen ihre Natur in der Nähe studiren,
desto mehr sind wir, im menschlichen Sinne geredet, überzeugt, dass weder die Materie noch die Kraft erzeugt oder
zerstört werden kann, und dass man an die absolute Ursache,
das Wesen, nicht hinanreicht.

Anmerkungen und Zitate.

Seite.

6. Der Leser, welcher begierig ist, die Meinungen der Alten über verschiedene Gegenstände der Wissenschaft zu kennen, kann das zweite Buch der aristotelischen Physik zu Rathe ziehen, sowie auch die drei ersten Bücher seiner Metaphysik.

Siehe auch den Timeus von PLATON, und die Geschichte der alten Philosophie von RITTER, wo man eine Skizze der Philosophie von LEUZIPP und DEMOKRIT findet.

8. Novum organum von BACON, Buch II, Cap. 5 und 6.

HUME. Enquiry concerning human understanding; Untersuchungen über den menschlichen Verstand. London, 1768.

BROWN. Enquiry into the relatives of cause and effect; Untersuchungen über das Verhältniss von Ursache und Wirkung. London, 1835.

Man hat, gegen das hier von mir gegebene Beispiel von der Schleuse, eingewendet, dass die Benennung „Ursache" hier nicht wohl Anwendung finden könne; aber, nach einiger Ueberlegung, hab' ich mich entschlossen, sie beizubehalten, denn wenn die Ursache bloss als ein Nebenumstand angesehen wird, so muss sie durch gegebene Bedingungen begrenzt sein; somit, da hier die Bedingungen gegeben sind, ist die begleitende Nebensache unveränderlich.

Ich sehe, bezüglich des Räsonnements, keinen Unterschied zwischen diesem Vergleich und demjenigen von Brown, von einer glühenden Lunte und dem Schiesspulver (vierte Auflage, pag. 27), auf welchen dies Räsonnement ebenfalls passen würde.

HERSCHEL. Discourse on the study of natural Philosophy; Abhandlung über das Studium der Naturgeschichte. p. p. 88 und 149.

11. Quarterly Review, vol. IX, VIII, pag. 212.

WHEWELL. Ueber die Frage: „Sind Ursache und Wirkung auf einander folgend oder gleichzeitig; Are cause and effect successive

Seite.

or simultaneous?“ (Cambridge, Philosophical transactions, vol. VII, pag. 319.)

12. Herschel. Abhandlungen, etc. pag. 93.

Ampere. Theorie der elektro-dynamischen Erscheinungen. — Denkschrift in den „Annalen der Chemie und Physik, und in seinen Werken,“ von 1820 und 1826. Paris.

18. Lamarck. „Ueber die Materie des Schalls.“ (Journal der Physik, vol. XLIX, pag. 547.

21. D'Alembert. Traité de Dynamique, p. p. 3 et 4. Paris 1796.

22. Babbage. On the Permanent impressions of our words and actions on the Globe we inhabit; Ueber den anhaltenden Einfluss unserer Wörter und unserer Handlungen auf den von uns bewohnten Erdball; neunte Abhandlung von Bridgewater, ch. IX.

24. Ich habe die Abhandlung von Mayer nicht gelesen; ich zitire sie nach der folgenden Abhandlung.

26. Joule. On the Mechanical Equivalent of Heat; Ueber das mechanische Aequivalent der Wärme. (Phil. trans. 1850, pag. 61.)

27. Erman. Influence of Friction on Thermo-Electricity; Wirkung der Reibung auf die Wärme-Elektrizität. (Reports of the British association. 1845.)

29. Becquerel. Entwickelung der Elektrizität durch die Reibung. (Abhandlung über die Elektrizität, Thl. 11, pag. 113 u. folg.)

Wheatstone. On the Prismatic Recomposition of Electrical Light; Ueber die prismatische Zerlegung des elektrischen Lichtes. (Notices of Communications to the British association, pag. 11, 1835.)

31. Bacon. De forma calidi (Novum organum, lib. II, aph. 20.)

Rumford. An Enquiry concerning the source of Heat which is excited by friction; Eine Untersuchung bezüglich der Ursache durch Reibung erzeugter Wärme. (Phil. trans., p. 50. 1798.)

Davy. On the Conversion of Ice into Water by friction; Ueber die Verwandlung von Eis in Wasser durch die Reibung. (West of England Communications, pag. 16.)

Davy. Of Heat or Calorific Repulsion; Ueber die Wärme oder die kalorische Abstossung. (Elements of Chemical Philosophy, pag. 69.)

34. Baden Powell. On the Repulsive power of Heat; Ueber die Repulsivkraft der Wärme. (Phil. trans., 1834, pag. 485.)

Fresnel. (Annales de Chimie, tome XXIX. pp. 57 et 107.)

35. Moser. Ueber unsichtbares Licht. (Taylor's Scientific Memoirs, vol. III. pag. 461 and 465.)

Black. On Latent Heat; Ueber die latente Wärme. (Elements of Chemistry, pag. 144 et passim, 1803).

36. Die Versuche von Henry und Donny haben gezeigt, dass die Cohäsion der Flüssigkeiten, was ihren Widerstand wider ihre Trennung anlangt, viel grösser ist, als man bisher geglaubt hat. Inzwischen geben diese Versuche keinen Grund ab, die hier vorgetragenen Ideen zu verändern; denn, welches auch der Charakter der Anziehung sein

möge, es ist immer, um einen Körper vom flüssigen in den festen Zustand überzuführen, eine moleküläre Anziehung zu überwinden, welche eine gewisse Menge Kraft erheischt und erschöpft.

Donny. Ueber die Cohäsion der Flüssigkeiten. (Mem. de l'Academie royale de Bruxelles, 1843.)

Henry. Proceedings of the American Philosophical Society, April 1844. (Silliman's Journal, vol. XLVIII, pag. 215.)

41. Thilorier. Das Festwerden der Kohlensäure. (Ann. de Chim. et de Phys., tome LX, pag. 432.)

43. I. Wedgwood. Thermometer for measuring the higher degrees of Heat; Thermometer um sehr hohe Temperaturgrade zu messen. (Phil. trans., 1782, pag. 305, et 1786, pag. 390.)

44. Despretz. Recherches sur le maximum de densité de l'eau pure et des dissolutions aqueuses. (Ann. de Ch. et de Phys., tome LXX. pag. 45, et tome LXXIII, pag. 296.)

Biot. (Comptes rendus de l'Academie des Sciences, Paris 1850, pag. 281.)

Die Versuche über die zirkuläre Polarisation durch das Wasser verdankt man, wie ich glaube, dem Dr. Leeson.

45. I. Thomson. Trans. R. S., Edinbourg, vol. XVI, pag. 545.)

W. Thomson. Phil. Mag. Aug., 1850, pag. 123.

Bunsen. Pogg. Ann., vol. LXXXI, pag. 562; Ann. de Ch. et de Phys., vol. XXXV, pag. 385.

Wirkungen der Pressung auf den Gefrierpunkt des Wassers. Ich habe versucht eine physikalische Erklärung zu geben von dem Sinken und Steigen des Gefrierpunkts bei den Körpern, die sich ausdehnen oder zusammenziehen indem sie gefrieren. Herr Thomson, inzwischen, hat dies Resultat von der Erwägung hergeleitet: dass, ohne dieses Sinken des Gefrierpunktes, eine mechanische Arbeit aus Nichts erzeugt würde. Ungeachtet wir die Gesetze der Mechanik aus der Betrachtung der Phänomene, sowie wir sie kennen, entnehmen können, hat doch die physikalische Erklärung des Phänomens der Ausdehnung während des Gefrierens immer eine Schwierigkeit für mich gehabt, und ich denke für mehrere Andere, welche Meinung man sich auch von der Natur der Wärme bilden möge.

45. Dulong, Petit, Regnaut, (Ihre Abhandlungen, berichtet in Gmelins Handbuch.)

47. Woods. Phil. Mag., 1851, 1852.

48. Lenarmont. Conduction of Heat by Crystals; Leitungsvermögen der Crystalle für die Wärme. (Gmelins Handbuch der Chemie, vol. I, pag. 222.)

49. Knoblauch. Ann. de Ch. et de Phys., vol. XXXVI, pag. 124.

Tyndal. Transmission of Heat through organic structures; Leitung der Wärme durch organische Substanzen. (Phil. trans., vol. CXLIII, pag. 217.)

51. Grove. Electricity produced by approximating metals; Erzeugung von

Elektrizität durch Annäherung der Metalle. Bericht über eine Vorlesung im Königl. Institut. (Literary Gazette, 1843, pag. 39.)

GASSIOT. (Phil. Mag., Oct. 1844.)

ROGET. On the Improbability of the Contact exciting force; Ueber die Unwahrscheinlichkeit, dass durch Berührung Kraft entsteht. Treatise in Galvanism. (Library of Useful Knowledge, S. 113.)

FARADAY. (Phil. trans., 1840, pag. 126.)

53. MELLONI. Ueber die Polarisation der Wärme: Untersuchungen über mehrere Wärmeerscheinungen. (Ann. de Ch. et de Phys., tom. XIV, pag. 5 à 68; tom XLI, pag. 375 à 410, et tom XLVIII. pag. 198 à 218.)

FORBES. On the Refraction and Polarisation of Heat. Ueber die Refraction und die Polarisation der Wärme. (Phil. trans. R. S., Edin., vol. XIII. pag. 131 à 168.)

54. T. WEDGWOOD. On the production of Light and Heat by different bodies; Ueber die Erzeugung von Licht und Wärme durch verschiedene Körper. (Phil. trans., vol. LXXXII, pag. 272.)

56. GROVE. On the decomposition of Water into its Constituent gases by Heat; Ueber die Zersetzung des Wassers in seine konstituirenden Gase durch die Wärme. (Phil. trans., 1847, pag. 1.)

57. ROBINSON. On the Effect of Heat in lessening the Affinities of the Elements of water; Ueber die Wirkung der Wärme, um die Verwandtschaft der Elemente des Wassers zu vermindern. (Trans. of the Royal Irish Academy, vol. XXI, pag. 2.)

59. GROVE. Water decomposed by Chlorine and Heat; Das Wasser durch Chlor und Wärme zersetzt. (Phil. trans., 1847, pag. 20.)

61. Ich fürchte, dass dieser Passus, auf eine so kurze Art ausgedrückt, Anlass zu einem Missverständniss geben kann. Man wird sehen, wie ich hoffe, dass dieser Versuch ideal ist und bloss angeführt um den Beweis leichter zu machen; um meinen Gedanken mehr hervortreten zu lassen, hab ich alle auf Mengen, auf spezifische Wärme etc., bezüglichen Angaben ausgelassen, sowie auch diejenigen, die sich auf vergleichende Resultate beziehen, welche man von den gegebenen Materialien erwarten kann. Ich gestehe, dass ich nicht weiss, wie die theoretische Schlussfolgerung durch den Versuch bestätigt werden könnte; die ungeheuren Gewichte und die komplizirten Mechanismen, welche man anwenden müsste, um das Mass zu gewinnen für die erzeugte Kraft, wenn ihre Materie weniger ausdehnbare Formen hat, gehen weit über unsere bisherigen experimentalen Hülfsquellen hinaus. Es wäre auch sehr schwer den aus der molekülären Anziehung, der Trägheit etc. entspringenden Interferenzen und Widerständen vorzubeugen, Widerstände welche, wenn sie besiegt sind, ein Theil der erzeugten mechanischen Kraft sind, die man aber nur schwer klar nachweisen oder in dem Endresultat unterscheiden könnte.

Siehe, über denselben Gegenstand, Seguin: Einfluss der Eisenbahnen, pag. 398, Paris 1839.

Seite.

62. Carnot. Reflexionen über die bewegende Kraft des Feuers. Paris 1824.
Lequin. Einfluss der Eisenbahnen, pag. 378 u. folg.

63-64. Wenn ein Gewicht durch den Stempel erhoben und losgelassen wird in dem Augenblick, wo es erhoben ist, der Art, dass es zu neuem Gebrauch verwendet werden kann, so geht Wärme verloren. Wenn man das nämliche Gewicht durch Abkühlung herabsteigen lässt, so wird Wärme wiedererzeugt; mit anderen Worten: in dem ersteren Falle wird die Wärme in Kraft verwandelt, in dem zweiten wird sie übertragen. — Die beiden Wirkungen können mechanische Arbeit genannt werden, aber in verschiedenem Sinne. Eine Kugel, zwischen zwei elektrische Körper gestellt, der eine positiv, der andere negativ, würde noch eine bessere Analogie geben als die von der magnetischen Maschine entlehnte.

70. Herr Waterston hat die Meinung veröffentlicht, die Sonnenwärme könnte ihre Quelle in der mechanischen Wirkung haben, welche auf die Sonne gefallene Meteorsteine verursachen, und Herr Tomson hat eine weitläuftige Abhandlung über diesen Gegenstand geschrieben. (Trans. Brit. Assoc. 1853, und wegen der wichtigen Abhandlung des Herrn Tomson, siehe Phil. Mag. von 1851 bis 1854 incl.)

73. Dufaye, Symmer, Watson und Franklin. Theories of Electric fluid et Electric fluids. Theorie des elektrischen Fluidums und der elektrischen Fluida. (Pristley's: Geschichte der Elektrizität, pag. 429—441.)

74. Grotthus. Ueber die Zerlegung des Wassers und der Körper, die es mittelst der galvanischen Elektrizität in Auflösung erhält. (Ann. de Chimie, vol. LVIII, pag. 54.)

75. Faraday. On the question whether Electrolytes conduct without decomposition; Ueber die Frage: ob die Elektrolyte ohne Zersetzung leiten? (Proceedings of the Weekly meetings of the Royal Institution, 1855.)
Grove. Comptes rendus. Paris, 1839.
Faraday. On Induction as an action of continuous particles; Ueber die Induktion als Thätigkeit kontinuirlicher Theilchen. (Phil. trans., 1838, pag. 30.)

76. Matteucci. Polarisations de lames de mica par l'électricité. (Traité d'électricité par de la Rive, pag. 140.)
Fusinieri. Du transport des matières ponderables qui s'opère dans les decharges electriques. (Archives de l'éctricité; supplement à la Bibliothèque de Genève, tome III, pag. 597.)
Grove. On the Voltaic Arc; Ueber den voltaschen Bogen. (Report of a Lecture at the Royal Institution; Lit. Gaz. and Athenäum, fol. 7, 1845; et Phil. trans, 1847, p. 16.

79-88. Grove. On the Electro-chemical polarity of gases; über die electrochemische Polarität der Gase. Phil. trans., 1852, pag. 87.

89. Fremy et Ed. Becquerel. Transformation de l'oxygène en ozone par l'étincelle électrique. (Ann. de Ch. et de Phys., 1852.) Dieser Gegenstand und die Natur des Ozons sind zuerst studirt von Herrn

Seite.

Dr. Schönbein. Siehe auch ein Memoire von Herrn Brodie: On the Conditions of certains elements at the moment of Chemical change; Ueber die Zustände gewisser Elemente im Augenblicke ihrer chemischen Veränderung. (Phil. trans., 1850.)

84. 85. Murne. Changements moléculaires dans les métaux électrisés. (Phil. trans., 1780, pag. 334, et 1783, pag. 223; Grove, Electrical Mag., vol. I, pag. 120; Pelsier, Archiv de l'Electricité, vol. V, pag. 182; Fusinieri, idem, pag. 516.

86. Wertheim. Changements dans l'elasticité des métaux par l'électricité. (Ann. de Ch. et de Phys., vol. XII, pag. 623; Arch. Elect., vol. IV. pag. 490.

Dufour. Alteration dans la ténacité des métaux par l'électricité. (Bibl. univ. de Genéve, fevrier 1855, pag. 156.)

Matteucci. Conductibilité des cristaux pour l'electricité. (Comptes rendus de l'Académie, 5 Mars 1855, p. 541.)

87. E. Becquerel. Transmission de l'électricité à travers des gaz chauffés. (Ann. de Ch. et de Phys. vol. XXXIX, pag. 388.)

Grove. Proceedings of the Royal Institution, 1854, pag. 361.

Becquerel. Divergence des feuilles d'or dans le vide (Traité d'Électricité, vol. V, deuxième partie, pag. 55.

88. Newton. 31, st. Query to the optics.

89. Grove. Particles of metals and metallic oxides detaned in liquids by Electricity; Theile der Metalle und Metalloxyde in den Flüssigkeiten fortgerissen durch die Elektrizität. (Elec. Mag. vol. I. pag. 119.)

90. Matteucci. Rapports entre l'électricité et la force nerveuse. Phil. trans., 1845, pag. 285; 1846, pag. 497; Phénomènes physiques des corps vivants, pag. 308; Lezioni di Fisica pag. 360.)

91. Becquerel. Changements chimiques produits par le frottement. Traité de l'Elect., vol. V, première partie, pag. 16.)

92. De la Rive. Chaleur de la pile voltaïque. (Bibl. nic., vol. XIII, pag. 389.

Davy. On the properties of Electrified Bodies in their relation to conducting powers and temperature; Ueber die Eigenschaften der electrisirten Körper in ihren Beziehungen zu den leitenden Vermögen und zu der Temperatur . (Phil. trans., 1821, pag. 428.)

Grove. On the Effect of Surrounding Media in Voltaic ignition; Ueber die Wirkung der umgebenden Medien bei der voltaschen Verbrennung.

98. Oerstaed. Experiences sur l'effet du conflit électrique sur l'aiguille aimantée. (Ann. de Ch. et de Phys., tome XIV. pag. 417.)

99. Coleridge. Table talk, vol. I, pag. 62.

100. Lenz et Jacoby. Pogg. Ann., vol. XLVII, pag. 403; Bulletin de l'Acad. de Saint-Peterbourg, 1839. Harris, magnetisme, deuxieme partie, pag. 63.

110. Davy. Decomposition des alcalis fixes. (Phil. trans., 1808, pag. 1.)

Seite.

    Becquerel. Des composés électro-chimiques. (Traité de l'Elect. vol. III, chapt. 13.)

    Crosse. (Transact. of the Brit. Assoc., vol. V. pag. 47; Proceedings of the Electrical Society pag. 143.

    Malus. Polarisation de la lumière par réflexion (Mém. d'Arcueil, tome II, pag. 143.

    Arago. Polarisation circulaire par les solides. (Mém. de l'Institut, 1811.

    Biot. Polarisation circulaire par les liquides. (Mém. de l'Institut, 1801.)

103. Niepce et Daguerre. Historique et description des procedés du daguerréotype. Paris 1839.

    Talbot. Photogenic Drawing and Calotype; Photographische Zeichnungen und Calotypie. (Phil. Mag., March, 1839, et August, 1841.

105. Herschel. Chemical action of the solar spectrum on various substances; Chemische Wirkung des Sonnenspektrums auf verschiedene Substanzen. (Phil. trans., 1840, pag. 1, et 1842, pag. 181.)

    Hunt. Researches on Light; Untersuchungen über das Licht. London 1849.

107. Grove. Other forces produced by Light; Andere Kräfte hervorgebracht durch das Licht.

108. Sommerville (madame). On the Magnetising Power of the more Refrangible solar rays; Ueber die magnetisirende Kraft der brechbarsten Strahlen des Sonnenspectrums. (Phil. trans., 1826. pag. 132.)

109. Herschel. On the Absorption of Light in Coloured Media wiewed in connexion with the Undulatori Theory; Ueber die Aufsaugung des Lichts in den gefärbten Mitteln, vom Gesichtspunkt der Undulations-Theorie. (Phil. Mag., Dec. 1833).

    Seebeck. Heat of Coloured Rays; Wärme der gefärbten Strahlen (Brewsters optics, p. 90.)

    Knoblauch. (Ann. de Ch., vol. XXXVI, pag. 124 et Pogg. Ann. am zitirten Ort).

110. Herschel. Epipolized Light; (Phil. trans, vol. CXXXV, pp. 143 et 147.)

115. Wegen der ersten Aussprüche über die Korpuskulartheorie und die Undulationstheorie, siehe Newton's Optik, — Micrographia von Hooke, — und den Tractatus de Lumine von Huyghens; siehe auch die Optique von Brewster, pag. 138.

116. Joung. Lectures, edirt von Kellard, pag. 389 u. folg.; Phil. trans., 1800, p. 126; Herschel, Encyc. Metrop. Art. Light, pag. 450 et 738, Optik von Newton, pag. 322; Geschichte der induktiven Wissenschaften von Whewell, vol. II, pag. 449; Foucault, Comptes rendus, Paris 1850, pag. 65.

117. Soudhauss. Refraction du son. (Ann. de Ch. et de Phys., vol. XXXV. pag. 805.)

Seite.

124.   Pasteur. Rotation de la lumière simple et de la lumière polarisée par les dissolutions de cristaux hémihédriques. (Ann. de Ch. et de Phys., vol. XXIV, pag. 442).

126. u. 129.   Wollaston. Phil. trans., 1822, p. 89; Whewell, Philosophy of the Inductive Sciences, vol. 1, pag. 419.

130.   Periodes de diminution des Comètes (Herschel, Outlines of Astronomy, p. 357.)

133.   Faraday. Evolution of Electricity from Magnetism; Elektrizität durch Magnetismus gewonnen. (Phil. trans., 1832, pag. 128.)

135.   Faraday. Magnetic Condition of all Matter; Magnetischer Zustand aller Materie. (Phil. trans., 1846, pag. 21; Phil. Mag. 1846, p. 249.)
     Becquerel. (Ann. de Ch. et de Phys., tome XXXVI, pag. 334; Comptes rendus, Paris 1846, p. 147, et 1850, pag. 201.)

136.   Faraday. On the Magnetization of Light; Ueber die Magnetisirung des Lichts. (Phil. trans., 1846, pag. 1.)

137.   Wartmann. Rotation du plan de la Polarisation du calorique par le magnetisme. (Journal de l'Institut, Nr. 649.)

138.   Hunt. Influence of Magnetisme on Molecular arrangement; Einfluss des Magnetismus auf die moleküläre Anordnung. (Phil. Mag., 1846, vol. XXXVIII, pag. 1; Mem. of Geological soc., vol. 1, pag. 433.)
     Grove. Experiment on Molecular Motion of a Magnetic substance; Versuch über die moleküläre Bewegung einer magnetischen Substanz. (Elect. Mag., 1825, vol. 1, pag. 601.)

140.   Ueber die directe Erzeugung der Wärme durch den Magnetismus; (Proceedings of the Roy. soc., 1849, pag. 826.

     Nach der Veröffentlichung und nach dem Druck dieser Denkschrift in den Philos. Transact. hab' ich gefunden, dass der nämliche Gegenstand schon von Herrn van Breda behandelt war, in einer dem Institut im Jahre 1845 überreichten Denkschrift. Diese Denkschrift ist in den Comptes rendus unter einem irrigen Titel erschienen, wodurch erklärt wird, dass sie meiner Beachtung entgangen ist. Herr van Breda gibt dort nicht die von ihm gewonnenen thermometrischen Messungen; auch hat er keine Wärmewirkungen erhalten, indem er sich eines beständigen Stahlmagneten bediente, noch auch mit anderen Metallen, als das Eisen (Comptes rendus, Oct. 27, 1845).

     Man sehe auch einen Versuch von Herrn Joule (Phil. Mag. 1845) auf welchen der Autor nach Lesung meiner Denkschrift meine Aufmerksamkeit gelenkt hat.

140-144.   Die Versuche, welche die Wirkung des Magnetismus auf die magnetisirte Materie zum Gegenstand haben, sind gesammelt in: Traité d'Électricité de M. de la Rive, vol. 1.

145.   Davy. Electricity defined as Chemical Affinity acting on Masses; die Elektrizität definirt als chemische, auf die Massen wirkende Verwandtschaft (Phil. trans., 1826, pag. 389.)
     Volta. Production d'Électricité par le simple contact de substances conductrices. (Phil. trans., 1800, pag. 493.)

Seite.

146. Grove. Gold-leaf experiment; Versuch mit dem Goldblättchen (Comptes rendus, Paris 1839, pag. 567.)

148. Voltaic action of Sulphur, Phosphorus, and Hydrocarbons (Phil. trans., 1845, pag. 351).

149. Grove. New Voltaic Combination; Neue voltasche Kombination, Phil. Mag., vol. XIV, pag. 388; vol. XV., pag. 289.)

Grove. Electricity of the Blowpipe Flame. (Proceedings of the Royal Instit., feb. 1854, et Phil. Mag.)

151. Dalton. (New syst. of Chemistry, Lond. 1810).

152. Ich habe hier, wie anderswo, ganze Zahlen angewendet, da diese Zahlen genau genug sind, um der Beweisführung als Basis zu dienen, aber ohne die mindeste Absicht, eine Meinung bezüglich des Proutschen Gesetzes zu äussern.

153. Faradey. Definits Electrolyses; Elektrolysis in bestimmten Verhältnissen. (Phil. trans., 1834, pag. 79.)

154. Wood. Wärmeentwicklung bei den chemischen Verbindungen. (Phil. Mag., 1852).

Andrews. Phil. trans., 1844, pag. 21.

Ness. Pogg. Ann., vol. III, pag. 107.

164. Catalytische Kraft, durch das Platin entwickelt (Döbereiner, Ann. de Phys. et de Ch. tome XXIV, pag. 93; Dulong et Thenard, Ann. de Ch. et de Phys., tome XXIII, pag. 440.)

165. Grove. Voltasche Säule mit Gas. (Phil. Mag., vol. XXI, pag. 417; Phil. trans., 1843, pag. 91.)

166. Masotti. Kräfte, welche die innere Konstitution der Körper regeln, (Taylor's Scientific Memoirs, vol. I, pag. 448.)

Placker. Abstossung der optisch. Axen in den Krystallen durch die Pole eines Magneten. (Taylors Sc. Mem. vol. V. pag. 383.)

167. Matteucci. Beziehung zwischen dem elektrischen Strom und der Nervenkraft, (Phil. trans., 1850, pag. 287.)

168. Carpenter. On Mutual relations of the Vital and physical forces; Ueber die wechselseitige Beziehung der vitalen und der physikalischen Kräfte. (Phil. trans., 1850, pag. 781.)

170. Siehe: Brown, Ursache und Wirkung; die Rede Herschels, und Quaterly Review für Juni 1841.

185. Dulong et Petit. Rapport entre la chaleur spécifique des corps et leurs équivalents chimiques. (Ann. de Ch. et de Phys., tome X, pag. 395.)

Neumann. Pogg. Ann., vol. XXIII, pag. 1.

Avogadro. Ann. de Ch. et de Phys., tome LV, pag. 80.